职业教育改革创新系列教材

简单机械组件制作

汪大木　魏　忠　刘连宇　周小帅　张瑞顺　编著

机械工业出版社

本书按照零件机械加工工作过程的系统化开发范式，采用企业调研、归纳典型工作过程、设计学习情境、设置学习性工作任务等方法，选择三个简单机械组件的制作实例（包括制作鲁班锁、制作小锤子和制作金属时钟）进行编写。本书结合学生的认知规律和学习情况，遵循学习迁移的原理，保证学生在学习过程中能够得到由易到难的反复训练与持续强化。

本书可供高中、中职、初中学生学习参考，也可以作为职业院校的辅助教材。

图书在版编目（CIP）数据

简单机械组件制作/汪大木等编著. —北京：机械工业出版社，2020.5
职业教育改革创新系列教材
ISBN 978-7-111-65121-5

Ⅰ.①简⋯　Ⅱ.①汪⋯　Ⅲ.①机械元件—机械加工—职业教育—教材
Ⅳ.①TH13

中国版本图书馆 CIP 数据核字（2020）第 049630 号

机械工业出版社（北京市百万庄大街 22 号　邮政编码 100037）
策划编辑：齐志刚　　　　　责任编辑：齐志刚
责任校对：樊钟英　李　杉　封面设计：张　静
责任印制：常天培
北京虎彩文化传播有限公司印刷
2020 年 5 月第 1 版第 1 次印刷
184mm×260mm · 8.25 印张 · 186 千字
0001—1000 册
标准书号：ISBN 978-7-111-65121-5
定价：28.00 元

电话服务　　　　　　　　网络服务
客服电话：010-88361066　机　工　官　网：www.cmpbook.com
　　　　　010-88379833　机　工　官　博：weibo.com/cmp1952
　　　　　010-68326294　金　书　网：www.golden-book.com
封底无防伪标均为盗版　机工教育服务网：www.cmpedu.com

前　言

随着教学改革的不断推进，新的教育理念不断推广，基于工作过程系统化的教学方式在职业教育的教学过程中受到好评。本书基于工作过程系统化教学方式，通过企业调研，筛选典型工作任务，归纳典型工作环节，制定出编写大纲，精心组织，编写而成。

产品制作往往是由多工种协作完成的，需要明确各零部件之间的功能关系，考虑工序的前后安排和衔接，制订加工工艺，正确加工零件，并通过合适的调整和装配来实现产品的功能。本书将整个组件制作过程归纳为六个典型工作环节，即识读图样、确定工艺路线、加工前准备、进行加工、装配和展示，并遴选三个学习情境，即制作鲁班锁、制作小锤子和制作金属时钟，从易到难，层层递进，将所有知识点融入其中。本书通过匹配普适性工作过程，即六步法（包括搜集资讯、制订计划、做出决策、付诸实施、进行检查、评价绩效六个步骤），将学生的心智技能和操作技能练习相结合，大大提高了学生学习的效率和积极性。

本书具有如下特点：

（1）打破学科界限，将机械制图、公差配合、机械基础等基础知识进行融会贯通，通过学习情境来实现学科知识的串联。

（2）注重对学生职业能力的提升，通过介绍的六步法，助力提升学生的心智技能。

（3）提供完善的过程性内容记录体系，将过去的单一考试变为全过程评估。

本书由汪大木、魏忠、刘连宇、周小帅、张瑞顺编著。在本书编写过程中，得到了闫智勇博士的热情帮助、指导和鼓励，在此表示由衷的感谢。

由于编著者水平和经验有限，书中难免存在不足之处，敬请广大读者指正。

编著者

目　录

制作鲁班锁

【学习目标】

1. 知识目标

（1）掌握铣削技术相关知识点。

（2）掌握机械图样的表达方式。

（3）掌握组件的装配、调试方法。

（4）掌握零件表面缺陷的评定方法。

（5）掌握零件质量评定的方法和检查方式。

2. 能力目标

（1）能合理选择收集信息的各种来源、收集信息并评估信息。

（2）能根据生产的需要选择工具、标准件和夹具，以团队的形式来组织简单的装配工作。

（3）能正确评估和使用机械图样、零件清单并完成草图的绘制。

（4）能合理选择和使用检验方法和工具，并能检测工具以确定工具的可用性。

（5）能做好制作简单组件的准备工作。

（6）应遵守劳动保护和环境保护等相关规定。

【学习性任务描述】

在金工实训车间里，学习性任务是制作图 1-1 所示的鲁班锁。关于鲁班锁制作基础知识已经在理论课程阶段介绍过，本任务主要通过实践来运用所学内容。

图　1-1

【典型工作环节1 识读图样】

1. 搜集资讯

（1）本任务订单内容是什么？

现收到加工一批鲁班锁的订单，需要通过手动工具以及简单的机床加工出这批鲁班锁成品。

要求：鲁班锁外形整洁美观，小批量生产，生产件数为50件。

（2）如何识读零件图信息？

主要步骤为概括了解、分析表达方式、分析结构和形状、分析尺寸、分析技术要求。

（3）如何识读装配图信息？

主要步骤为概括了解、了解装配关系和工作原理、分析零件、读懂零件形状和结构、分析尺寸、了解技术要求。

（4）一幅完整的装配图应当包括的基本内容有哪些？

装配图包括一组图形、必要的尺寸、技术要求、标题栏、零件序号和明细栏。

2. 制订计划

根据资讯确定识读鲁班锁装配图和零件图的计划，主要内容为确定识读步骤，对于图样中错误和理解不清楚的部分进行提问。

图样要求：

1）技术要求根据装配关系制订。

2）公差值根据装配关系、查阅的相关资料制订。

3）加工参数根据材料和刀具材料查表选取。

图1-2~图1-9所示为鲁班锁图样，排列顺序为装配顺序。

3. 做出决策

根据计划，决策出识读鲁班锁装配图的步骤如下：

概括了解→了解装配关系和工作原理→分析零件，读懂零件结构、形状→分析尺寸，了解技术要求。

根据计划，决策出识读鲁班锁零件图的步骤如下：

概括了解→分析表达方案→分析尺寸→分析技术要求。

4. 付诸实施

根据决策确定识读鲁班锁装配图的步骤，填写表1-1。

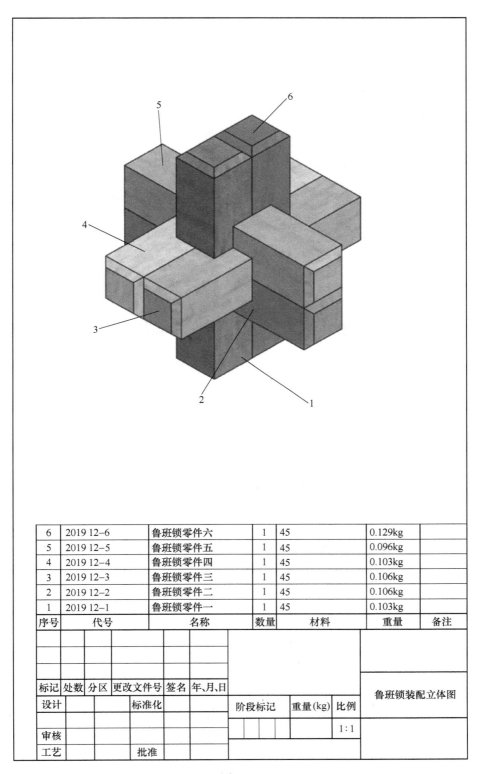

6	2019 12–6	鲁班锁零件六	1	45	0.129kg	
5	2019 12–5	鲁班锁零件五	1	45	0.096kg	
4	2019 12–4	鲁班锁零件四	1	45	0.103kg	
3	2019 12–3	鲁班锁零件三	1	45	0.106kg	
2	2019 12–2	鲁班锁零件二	1	45	0.106kg	
1	2019 12–1	鲁班锁零件一	1	45	0.103kg	
序号	代号	名称	数量	材料	重量	备注

标记	处数	分区	更改文件号	签名	年、月、日				鲁班锁装配立体图
设计			标准化			阶段标记	重量(kg)	比例	
审核								1：1	
工艺			批准						

图　1-2

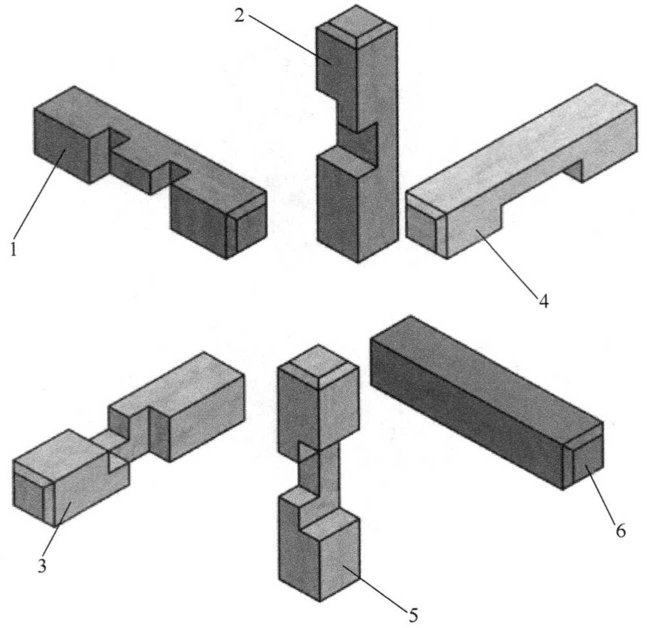

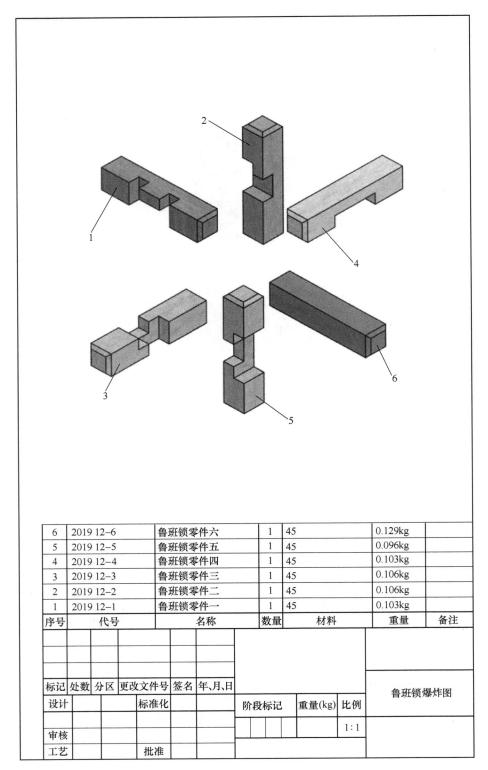

6	2019 12-6	鲁班锁零件六	1	45	0.129kg	
5	2019 12-5	鲁班锁零件五	1	45	0.096kg	
4	2019 12-4	鲁班锁零件四	1	45	0.103kg	
3	2019 12-3	鲁班锁零件三	1	45	0.106kg	
2	2019 12-2	鲁班锁零件二	1	45	0.106kg	
1	2019 12-1	鲁班锁零件一	1	45	0.103kg	
序号	代号	名称	数量	材料	重量	备注

标记	处数	分区	更改文件号	签名	年、月、日			鲁班锁爆炸图
设计			标准化			阶段标记	重量(kg)	比例
审核								1:1
工艺			批准					

图 1-3

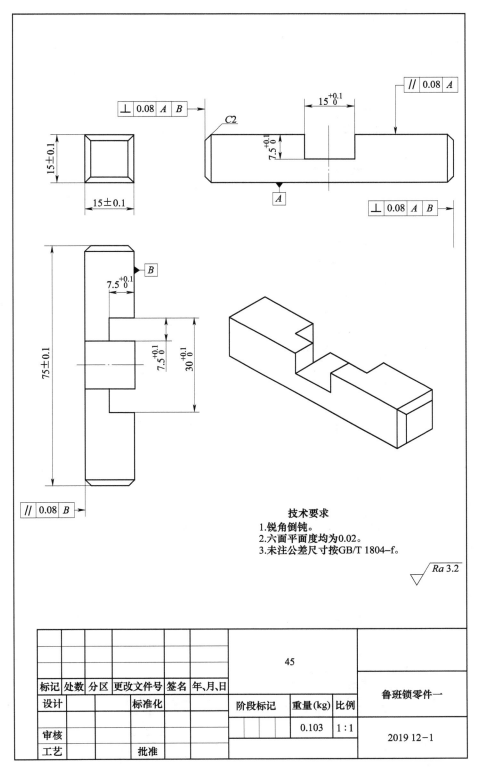

技术要求
1.锐角倒钝。
2.六面平面度均为0.02。
3.未注公差尺寸按GB/T 1804–f。

$\sqrt{Ra\,3.2}$

标记	处数	分区	更改文件号	签名	年、月、日		45		
设计			标准化						鲁班锁零件一
						阶段标记	重量(kg)	比例	
审核							0.103	1：1	2019 12－1
工艺			批准						

图　1-4

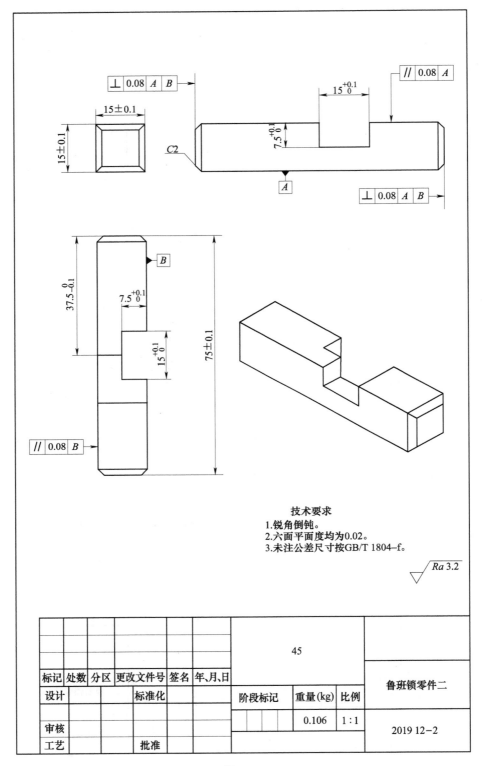

技术要求
1.锐角倒钝。
2.六面平面度均为0.02。
3.未注公差尺寸按GB/T 1804–f。

$\sqrt{}$ Ra 3.2

标记	处数	分区	更改文件号	签名	年、月、日			45		
设计			标准化							鲁班锁零件二
						阶段标记		重量(kg)	比例	
审核								0.106	1:1	
工艺			批准							2019 12–2

图 1-5

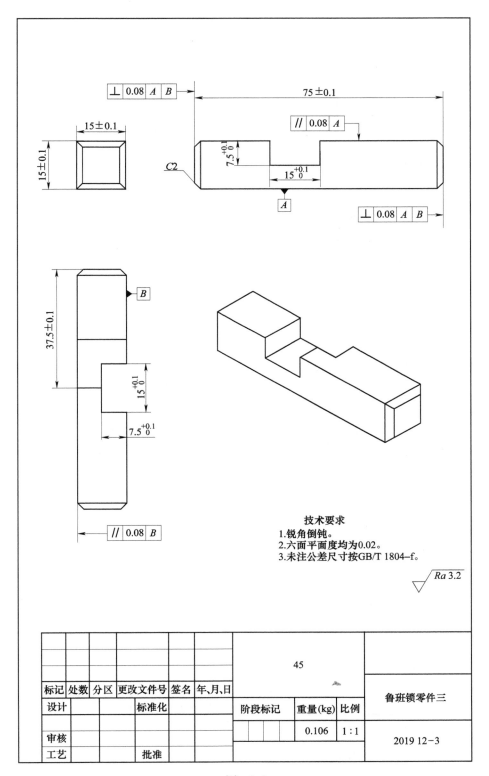

技术要求
1.锐角倒钝。
2.六面平面度均为0.02。
3.未注公差尺寸按GB/T 1804-f。

$\sqrt{Ra\ 3.2}$

标记	处数	分区	更改文件号	签名	年、月、日			45		
设计			标准化						鲁班锁零件三	
						阶段标记	重量(kg)	比例		
审核							0.106	1:1		
工艺			批准						2019 12-3	

图 1-6

— 7 —

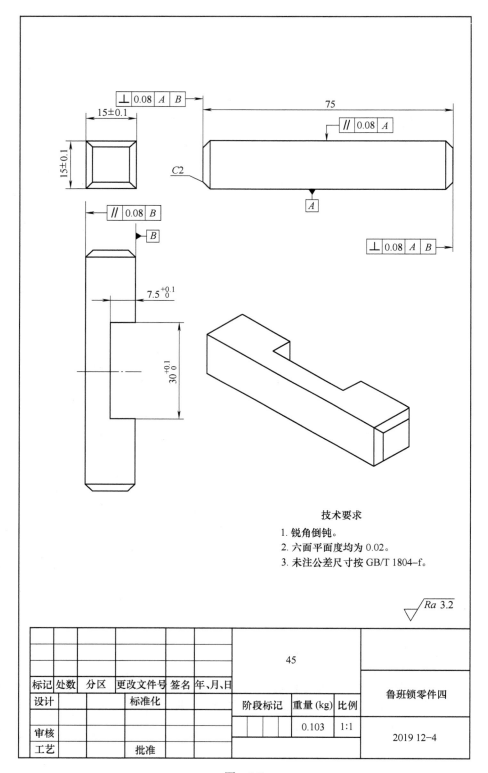

技术要求

1. 锐角倒钝。
2. 六面平面度均为 0.02。
3. 未注公差尺寸按 GB/T 1804-f。

$\sqrt{Ra\ 3.2}$

标记	处数	分区	更改文件号	签名	年、月、日				45		
设计			标准化							鲁班锁零件四	
审核						阶段标记	重量(kg)	比例			
工艺			批准				0.103	1:1	2019 12-4		

图 1-7

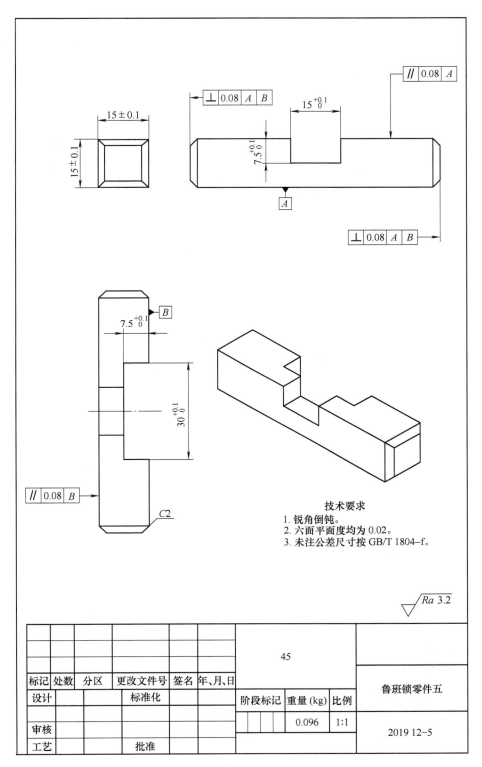

技术要求

1. 锐角倒钝。
2. 六面平面度均为 0.02。
3. 未注公差尺寸按 GB/T 1804–f。

$\sqrt{}$ Ra 3.2

标记	处数	分区	更改文件号	签名	年、月、日					45		
设计			标准化								鲁班锁零件五
						阶段标记	重量(kg)	比例			
审核							0.096	1:1			
工艺			批准							2019 12–5	

图 1-8

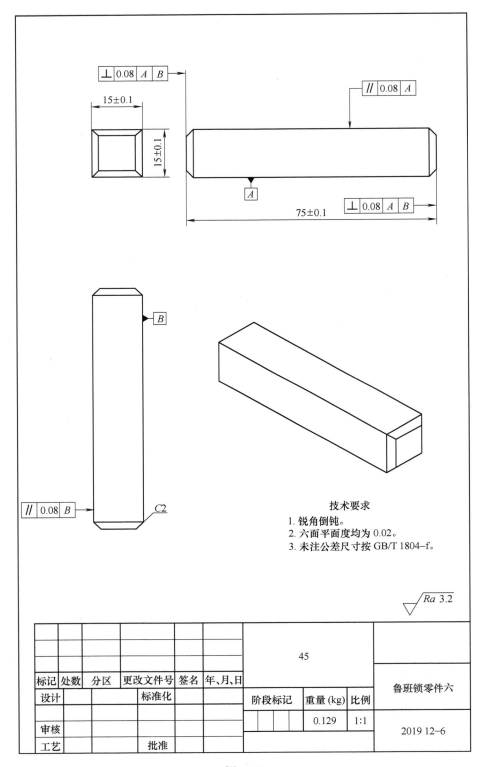

技术要求
1. 锐角倒钝。
2. 六面平面度均为 0.02。
3. 未注公差尺寸按 GB/T 1804-f。

$\sqrt{}$ Ra 3.2

标记	处数	分区	更改文件号	签名	年、月、日			45		
设计			标准化							鲁班锁零件六
						阶段标记	重量 (kg)	比例		
审核							0.129	1:1		2019 12-6
工艺			批准							

图 1-9

表　1-1

概括了解：由标题栏了解装配体的名称和用途，由明细栏和序号可知零件的数量和种类，从而知其大致的组成情况及复杂程度	
了解装配关系和工作原理：分析部件中各零件之间的装配关系，并读懂部件的工作原理	
分析零件，读懂零件结构、形状	
分析尺寸，了解技术要求：装配图中必要的尺寸，包括规格尺寸、装配尺寸、安装尺寸和总体尺寸	

根据决策确定识读鲁班锁零件图的步骤，填写表 1-2。

表　1-2

概括了解：由标题栏了解零件的材料、名称、比例等，并浏览视图，初步得出零件的用途和形体概貌	
分析表达方案：分析视图布局，找出主视图、其他基本视图和辅助视图。根据剖视、断面的剖切方法、位置，分析剖视、断面的表达目的和作用	
分析尺寸：先找出零件长、宽、高三个方向的尺寸基准，然后从基准出发，找出主要尺寸。再用形体分析法找出各部分的定形尺寸和定位尺寸。在分析中要注意检查是否有多余和遗漏的尺寸，尺寸是否符合设计和工艺要求	
分析技术要求：分析零件的尺寸公差、几何公差、表面粗糙度和其他技术要求，弄清哪些尺寸精度要求高、哪些尺寸精度要求低，哪些表面质量要求高、哪些表面质量要求低，哪些表面不加工，以便进一步考虑相应的加工方法	

综合前面填写的表格，把图形、尺寸和技术要求等全面系统地联系起来思索，并参考相关资料，得出零件的尺寸大小、整体结构、技术要求及零件的作用等完整的概念。注意：在看零件图的过程中，不能把上述步骤机械地分开，应该穿插进行。对于有些表达不够理想的零件图，需要反复、仔细地分析，才能看懂。

5. 进行检查

根据计划和决策要求，确定检查内容、检查工具和方法，填写表 1-3。

表 1-3

检 查 记 录

任务：识读鲁班锁装配图和零件图				名字：	
步骤	名 称	检查方法/工具	标准	实际	得分
1					
2					
3					
4					
5					
6					
7					
8					
9					
10					
每个步骤 5 分				总分：	

6. 评价绩效（表1-4）

表 1-4

完成情况（填写完成/未完成）	
根据决策要求评价自己的工作：	
下次工作怎样可以做得更好？	
从任务中学到了什么？	
工作环节成果展示——鲁班锁零件图识读讲解	

【典型工作环节2 确定工艺路线】

1. 搜集资讯

（1）何为工艺路线？

工艺路线，英文是 Routing，是描述物料加工、零部件装配的操作顺序的技术文件，是多个工序的序列。工序是生产作业人员或机器设备为了完成指定的任务而做的一个动作或一连串动作，是加工物料、装配产品最基本的加工作业方式，是与工作中心、外协供应商等位置信息直接关联的数据，是组成工艺路线的基本单位。例如，一条流水线就是一条工艺路线，这条流水线上包含了许多的工序。

（2）如何确定工艺路线？

编写工艺路线的过程包括确定原材料、毛坯；基于产品设计资料，查阅企业库存材料标准目录；依据工艺要求确定原材料、毛坯的规格和型号；确定加工、装配顺序，即确定工序；根据企业现有的条件和将来可能有的条件、类似的工件、标准的工艺路线和类似的工艺路线以及经验，确定加工和装配的顺序；根据企业现有的能力和将来可能有的条件选定工作中心；基于尺寸和精度的要求，确定各个作业的额定工时等。

2. 制订计划

根据零件结构、尺寸分析，制订鲁班锁加工工艺方案，主要步骤有：

确定生产类型→拟订工艺路线→设计加工工序→编制技术文档（主要为机械加工工艺过程卡和机械加工工序卡）。

3. 做出决策

根据计划中加工工艺方案的步骤，做出相应决策，填写表 1-5。

表 1-5

确定生产类型		
拟订工艺路线	确定工件定位基准	
	选择加工方法	
	拟订工艺	
设计加工工序	选择加工设备	
	选择工艺装备（刀具、量具、夹具及其他）	
	确定工步内容	
	确定切削用量（铣削速度、背吃刀量、侧吃刀量、进给量）	

4. 付诸实施

根据决策，编制技术文档（机械加工工艺过程卡、机械加工工序卡和刀具清单卡），填写表 1-6~表 1-8。完成后每个小组进行讨论，根据讨论情况确定最优的工艺路线，由任课教师进行检测和最终点评。

表 1-6

班	机械加工工艺过程卡	产品型号		零件图号			共　页	第　页
		产品名称		零件名称				

材料牌号		毛坯种类		毛坯外形尺寸		每毛坯可制件数		每台件数		备注	

工序号	工序名称	工　序　内　容	车间	工段	设备	工　艺　装　备			工时	
						夹具	刀具	量具	准终	单件

			设计（日期）	校对（日期）	审核（日期）	标准化（日期）	会签（日期）
标记	处数	更改文件号	签字	日期	标记	处数	更改文件号	签字	日期

— 15 —

表 1-7

机械加工工序卡	产品型号				零件图号			共 页	第 页	
	产品名称				零件名称					
班		车间	工序号	工序名称		材料牌号				
		机加工								
		毛坯种类	毛坯外形尺寸	每毛坯可制件数		每台件数				
		设备名称	设备型号	设备编号		同时加工件数				
		夹具编号		夹具名称		切削液				
		工位器具编号		工位器具名称		工序工时/min				
						准终	单件			
工步号	工 步 内 容	工 艺 装 备	主轴转速/ (r/min)	切削速度/ (m/min)	进给量/ (mm/r)	背吃刀量/ mm	进给次数	工步工时/min		
								基本	辅助	
							设计(日期)	校对(日期)	审核(日期)	标准化(日期)	会签(日期)
标记	处数	更改文件号	签字	日期	标记	处数	更改文件号	签字	日期	

表　1-8

刀具清单卡

序号	刀具	规格	数量	备注说明
1				
2				
3				
4				
5				
6				
7				
8				
9				
10				
11				
12				
13				
14				
15				
16				
17				
18				
19				
20				
21				
22				
23				
24				
25				
26				
27				
28				
29				
30				

5. 进行检查

根据计划和决策要求，确定检查内容、检查工具和方法，填写表1-9。

表　1-9

<table>
<tr><td colspan="6" align="center">检 查 记 录</td></tr>
<tr><td colspan="4">任务：确定鲁班锁工艺路线</td><td colspan="2">名字：</td></tr>
<tr><td>步骤</td><td>名　　称</td><td>检查方法/工具</td><td>标准</td><td>实际</td><td>得分</td></tr>
<tr><td>1</td><td>确定原材料、毛坯</td><td></td><td></td><td></td><td></td></tr>
<tr><td>2</td><td>填写机械加工工艺过程卡</td><td></td><td></td><td></td><td></td></tr>
<tr><td>3</td><td>填写机械加工工序卡</td><td></td><td></td><td></td><td></td></tr>
<tr><td>4</td><td>填写刀具清单卡</td><td></td><td></td><td></td><td></td></tr>
<tr><td colspan="4" align="center">每个步骤5分</td><td colspan="2">总分：</td></tr>
</table>

6. 评价绩效（表1-10）

表　1-10

<table>
<tr><td>完成情况（填写完成/未完成）</td><td></td></tr>
<tr><td colspan="2">根据决策要求评价自己的工作：</td></tr>
<tr><td colspan="2">下次工作怎样可以做得更好？</td></tr>
<tr><td colspan="2">从任务中学到了什么？</td></tr>
<tr><td colspan="2">工作环节成果展示——鲁班锁零件加工工艺过程讲解</td></tr>
</table>

【典型工作环节3　加工前准备】

1. 搜集资讯

（1）了解加工场地的基本情况、设备型号以及使用范围。

（2）了解加工前需要准备的内容。

2. 制订计划

在加工之前，需要进行准备工作，因此需要制订一个加工前准备工作计划，主要内容为加工工具准备、物料准备。

3. 做出决策

根据计划内容，制订工具-设备清单、物料清单，根据清单内容，进行加工前准备，确保加工前准备内容齐备。

4. 付诸实施

根据决策，填写表1-11和表1-12。

表　1-11

序号	名　　称	状态	现有数量	损坏数量	缺少数量
工具-设备清单					
1					
2					
3					
4					
5					
6					
7					
8					
9					
10					
11					
12					
13					
14					
15					

表　1-12

序号	名　　称	尺寸/种类	价格/元
	物料清单		
1			
2			
3			
4			
5			
6			
7			
8			
9			
10			
11			
12			
13			
14			
15			
16			
17			
18			
19			
20			

5. 进行检查

根据计划和决策要求，确定检查内容、检查工具和方法，填写表 1-13。

表　1-13

检　查　记　录

任务：加工前准备			名字：		
步骤	名　　称	检查方法/工具	标准	实际	得分
1					
2					
3					
4					
5					
6					
7					
8					
9					
10					
每个步骤 5 分				总分：	

6. 评价绩效（表 1-14）

表　1-14

完成情况（填写完成/未完成）	
根据决策要求评价自己的工作：	
下次工作怎样可以做得更好？	
从任务中学到了什么？	
工作环节成果展示——鲁班锁加工前准备内容讲解	

【典型工作环节4　进行加工】

1. 搜集资讯

（1）了解铣床的基本操作内容。

（2）了解铣床的清洁和保养内容。

（3）了解平面铣削的方法。

（4）了解台阶铣削的方法。

（5）了解沟槽铣削的方法。

2. 制订计划

根据实际加工中遇到的情况，制订一个加工计划，主要内容为根据安全教育内容，制作过程性记录文件；根据加工前准备内容制作各零件的实践条件清单和相关知识点说明文件；根据机械加工工序卡和机械加工工艺过程卡进行工作任务安排和时间统筹，在确保加工质量的同时，提高加工效率。

3. 做出决策

最终决策是根据加工计划内容，制订安全教育内容，对学生进行分组，制订实训记录手册，记录每组学生的加工进度。

4. 付诸实施

（1）安全教育。

课程主要执行人有责任向学生讲授工作安全保护和健康保护方面的知识，以确保他们在生产时有足够的自我保护意识。学生在学习新技术前，在工作领域变动或引入新工序、新材料时都应接受安全指导，了解潜在的危险。要定期通过书面形式确认学生已掌握安全知识，至少每年一次。

相应的基础知识包括：

1）劳动保护法。

2）安全防护条例。

3）危险材料、生物材料使用规定等。

安全教育主题包括：

1）工作职责。

2）消防设备的位置。

3）逃生通道的标志和走向。

4）个人防护措施。

5）生产工具和机器的使用。

6）电气设备的使用。

在完成安全教育后填写表 1-15。

请列举执行任务中重要的工作安全和环境保护措施，填写表 1-16。

表 1-15

安全教育记录	
负责人	
执行人	
主题	1. 室内安全
	2. 环境安全
	3. 工作台安全
	4. 钳工台安全
	5. 铣床安全
日期/签字	

本人已参加安全教育培训，已知悉上述主题的内容，本人会留意并遵守相关规章。

表 1-16

序号	工作安全措施
1	
2	
3	
4	
5	
6	
7	
8	
9	
10	
	环境保护措施
1	
2	
3	
4	
5	
6	
7	
8	
9	
10	

（2）实训记录手册。

工艺制订·绘图

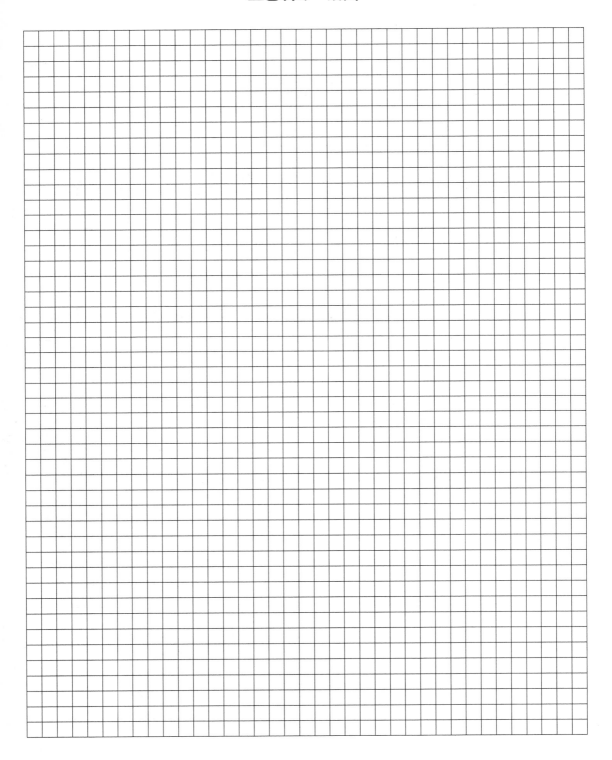

姓名：_____　学号：_____　　　　　日期：____年____月____日至_____年_____月_____日

时间	工 作 内 容	时长/h
星期一		
星期二		
星期三		
星期四		
星期五		
累计学时		

导师：_____

注：学生必须在每天工作结束前填写完毕。

（3）实践条件和知识点说明。根据决策，填写每个零件制作的实践条件表格。

鲁班锁零件一的制作（表1-17）

表 1-17

类别	实 践 条 件
	名　　　　称
毛坯	
设备	
量具	
工具	
其他	

知识点：铣沟槽

铣床能加工的沟槽种类很多，如直槽、角度槽、V形槽、T形槽、燕尾槽和键槽等。下面仅介绍键槽、T形槽和燕尾槽的加工方法。

1）铣键槽。常见的键槽有封闭式和敞开式两种。

在轴上铣封闭式键槽，一般用键槽铣刀加工，如图1-10所示。键槽铣刀一次轴向进给量不能太大，切削时要注意逐层切下。若用立铣刀加工，则由于立铣刀中央无切削刃，不能向下进刀，必须预先在槽的一端钻一个落刀孔，才能用立铣刀铣键槽。

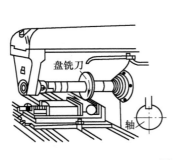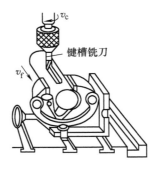

图　1-10

敞开式键槽多在卧式铣床上采用三面刃铣刀进行加工。注意，在铣削键槽前应做好对刀工作，以保证键槽的对称度。

2）铣T形槽及燕尾槽。

T形槽应用很多，如铣床和刨床的工作台上用来安放紧固螺栓的槽就是T形槽。要加工T形槽，必须首先用立铣刀或三面刃铣刀铣出直槽，然后用T形槽铣刀铣出下部宽槽，使T形槽成形。由于T形槽铣刀工作时排屑困难，因此切削用量应选得小些，同时应多加切削液，最后用角度铣刀铣出上部倒角，如图1-11所示。

铣燕尾槽时，先在立式铣床上用立铣刀或面铣刀铣出直角槽或台阶，再用燕尾槽铣刀铣出燕尾槽或燕尾块，如图 1-12 所示。

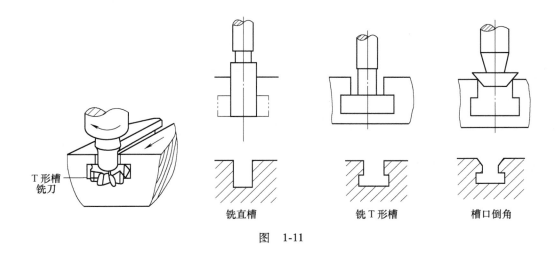

T 形槽
铣刀

铣直槽　　　　　铣 T 形槽　　　　　槽口倒角

图　1-11

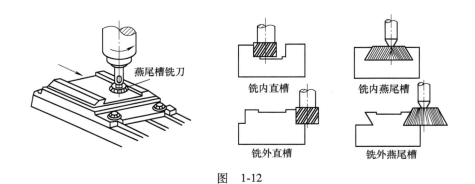

燕尾槽铣刀

铣内直槽　　　　　铣内燕尾槽

铣外直槽　　　　　铣外燕尾槽

图　1-12

鲁班锁零件二的制作（表 1-18）

表　1-18

实　践　条　件		
类别	名　　称	
毛坯		
设备		
量具		
工具		
其他		

鲁班锁零件三的制作（表 1-19）

表 1-19

实 践 条 件	
类别	名 称
毛坯	
设备	
量具	
工具	
其他	

鲁班锁零件四的制作（表 1-20）

表 1-20

实 践 条 件	
类别	名 称
毛坯	
设备	
量具	
工具	
其他	

鲁班锁零件五的制作（表 1-21）

表 1-21

实 践 条 件	
类别	名 称
毛坯	
设备	
量具	
工具	
其他	

鲁班锁零件六的制作（表 1-22）

表 1-22

实 践 条 件	
类别	名 称
毛坯	
设备	
量具	
工具	
其他	

（4）学生工作任务安排（表 1-23）。

表　1-23

	工作任务安排	
第一天	老师和学生相互认识 课程内容介绍 参观车间 工作岗位和铣床认知 学习铣床的基本操作 学习铣床的清洁与保养方法 安全教育 生产过程计划	8：30~11：30 14：30~17：00
第二天	垫铁制作 常用铣削刀具和孔加工刀具认知 安装铣刀、工件 机用虎钳安装校正 游标卡尺的使用 利用整形锉进行细节修整 检查尺寸和几何公差，检查结果并存档 废料最小化 图样阅读 清理废料	8：30~11：30 14：30~17：00
第三天	鲁班锁零件一的制作 平面铣削法和圆周铣削法介绍 检查尺寸和几何公差，检查结果并存档 顺铣和逆铣介绍 平面铣削的步骤 废料最小化 图样阅读 清理废料	8：30~11：30 14：30~17：00
第四天	鲁班锁零件二的制作 台阶铣削操作步骤 平面度检测 垂直度检测 平行度检测 切削用量选择 台阶检测 台阶铣削缺陷和注意事项 检查尺寸和几何公差，检查结果并存档 废料最小化 图样阅读 清理废料	8：30~11：30 14：30~17：00

（续）

	工作任务安排	
第五天	鲁班锁零件三的制作 铣削沟槽的步骤 通槽铣削 平面键槽铣削 检查尺寸和几何公差，检查结果并存档 废料最小化 图样阅读 清理废料	8：30~11：30 14：30~17：00
第六天	鲁班锁零件四的制作 沟槽铣削质量分析 千分尺的使用 检查尺寸和几何公差，检查结果并存档 废料最小化 图样阅读 清理废料	8：30~11：30 14：30~17：00
第七天	鲁班锁零件五的制作 斜面及其表示方法 铣削斜面的方法 斜面检测 检查尺寸和几何公差，检查结果并存档 废料最小化 图样阅读 清理废料	8：30~11：30 14：30~17：00
第八天	鲁班锁零件六的制作 铣削斜面的方法 斜面加工质量的保证 检查尺寸和几何公差，检查结果并存档 废料最小化 图样阅读 清理废料	8：30~11：30 14：30~17：00
第九天	鲁班锁整体装配 固定连接装配方法 锉配方法 检查装配关系，检查结果并存档 清理废料 成果展示	8：30~11：30 14：30~17：00

5. 进行检查

根据计划和决策要求，确定检查内容、检查工具和方法，填写表1-24～表1-29。

表 1-24

检 查 记 录

任务：鲁班锁零件一的检查			名字：		
步骤	名　　称	检查方法/工具	标准	实际	得分
1					
2					
3					
4					
5					
6					
7					
8					
9					
10					
每个步骤5分			总分：		

表　1-25

检 查 记 录

任务：鲁班锁零件二的检查			名字：		
步骤	名　　称	检查方法/工具	标准	实际	得分
1					
2					
3					
4					
5					
6					
7					
8					
9					
10					
每个步骤5分			总分：		

表 1-26

检 查 记 录

任务：鲁班锁零件三的检查				名字：	
步骤	名　　称	检查方法/工具	标准	实际	得分
1					
2					
3					
4					
5					
6					
7					
8					
9					
10					
每个步骤 5 分				总分：	

表 1-27

检 查 记 录

任务：鲁班锁零件四的检查				名字：	
步骤	名称	检查方法/工具	标准	实际	得分
1					
2					
3					
4					
5					
6					
7					
8					
9					
10					
每个步骤 5 分				总分：	

表　1-28

检 查 记 录

任务：鲁班锁零件五的检查				名字：	
步骤	名称	检查方法/工具	标准	实际	得分
1					
2					
3					
4					
5					
6					
7					
8					
9					
10					
每个步骤 5 分				总分：	

表　1-29

检 查 记 录

任务：鲁班锁零件六的检查				名字：	
步骤	名称	检查方法/工具	标准	实际	得分
1					
2					
3					
4					
5					
6					
7					
8					
9					
10					
每个步骤 5 分				总分：	

6. 评价绩效（表1-30）

表　1-30

完成情况（填写完成/未完成）	
根据决策要求评价自己的工作：	
下次工作怎样可以做得更好？	
从任务中学到了什么？	
工作环节成果展示——鲁班锁零件加工过程讲解	

【典型工作环节5　装配】

1. 搜集资讯

（1）了解固定连接装配方法。

（2）了解装配过程中的修配方法。

（3）确定鲁班锁装配步骤。

（4）了解装配工艺过程。

研究产品的装配图及验收技术条件；确定装配方法与组织形式；划分装配单元，确定装配顺序；划分装配工序；确定工序的时间定额。

2. 制订计划

根据收集的资讯内容，制订鲁班锁装配计划，主要是鲁班锁装配步骤。

3. 做出决策

根据鲁班锁装配计划，做出的决策为编制鲁班锁装配图。

4. 付诸实施

根据决策要求编制鲁班锁装配过程。

（1）作业前准备工作，填写表 1-31。

表　1-31

作业资料	
作业场所	
作业物料	

（2）鲁班锁装配步骤。

第一步，按照图 1-13 所示摆放零件 1~6。

第二步，将零件 1 和零件 2 按照图 1-14 所示方式进行装配。

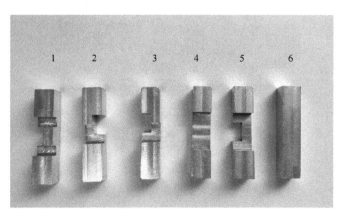

图　1-13

图　1-14

第三步，将零件 3 按照图 1-15 所示方式与零件 1、2 的装配体进行装配。

第四步，按照图 1-16 所示方式装配零件 4。

图　1-15

图　1-16

第五步，按照图 1-17 所示方式装配零件 5。

第六步，按照图 1-18 所示方式装配零件 6。

图　1-17

图　1-18

5. 进行检查

根据计划和决策要求，确定检查内容、检查工具和方法，填写表 1-32。

表　1-32

检　查　记　录

步骤	名　　称	检查方法/工具	标准	实际	得分

任务：鲁班锁装配　　　　　　　　　　　　　　　　名字：

步骤	名　　称	检查方法/工具	标准	实际	得分
1					
2					
3					
4					
5					
6					
7					
8					
9					
10					
每个步骤 5 分			总分：		

6. 评价绩效（表1-33）

表　1-33

完成情况（填写完成/未完成）	
根据决策要求评价自己的工作：	
下次工作怎样可以做得更好？	
从任务中学到了什么？	
工作环节成果展示——鲁班锁装配过程讲解	

【典型工作环节 6 展示】

1. 搜集资讯

（1）鲁班锁装配过程的展示方法有哪些？

（2）采用哪种展示方式能够更好地展示自己的学习成果？

（3）工业产品展示技巧有哪些？

2. 制订计划

根据搜集的资讯，制订成果展示计划，主要包括展示方式、展示内容的选择方案和表现原则。

3. 做出决策

最终决策为采用演讲的方式进行展示，通过制作装配视频来展示装配关系，利用 PPT 多媒体形式进行辅助展示，主要讲解内容为鲁班锁加工工艺安排和加工过程中遇到的问题及处理方法。

4. 付诸实施

根据相关决策要求，制作装配视频、展示 PPT 和演讲稿，并进行实际课堂展示。

5. 进行检查

根据计划和决策要求，确定检查内容、检查工具和方法，填写表 1-34。

表 1-34

检 查 记 录					
任务：展示			名字：		
步骤	名 称	检查方法/工具	标准	实际	得分
1	装配视频				
2	展示 PPT				
3	演讲稿				
每个步骤 5 分				总分：	

6. 评价绩效（表 1-35）

表　1-35

完成情况（填写完成/未完成）	
根据决策要求评价自己的工作：	
下次此环节怎样可以做得更好？	
从这个环节中学到了什么？	
工作环节成果展示——鲁班锁制作全过程展示	

制作小锤子

【学习目标】

1. 知识目标

（1）掌握铣削、车削技术相关知识点。

（2）掌握小锤子机械图样的表达方式。

（3）掌握组件的装配方法。

（4）掌握零件表面缺陷的评定方法。

2. 能力目标

（1）能制订功能检测标准和方案，记录和整理检测结果，制作检测报告，演示报告工作结果。

（2）能评价测试结果，排除质量缺陷，优化装配过程并考虑其经济性。

（3）能根据生产的需要选择工具、标准件和夹具，以团队的形式组织简单的装配工作。

（4）能绘制和修改零件图、组件图和零件清单表，依据技术资料提供的信息，制订工作计划。

（5）能读懂常规的总装图、组件图、结构图和简单的线路图，并能描述和解释组件的功能关系。

（6）能做好制作简单组件的准备工作。

（7）应遵守劳动保护和环境保护等相关规定。

【学习性任务描述】

在金工实训车间里，学习性任务是制作图 2-1 所示的小锤子。关于小锤子制作基础知识已经在理论课程阶段介绍过，本任务主要通过实践来运用所学内容。

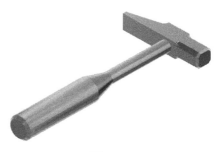

图　2-1

【典型工作环节 1　识读图样】

1. 搜集资讯

（1）本任务订单内容是什么？

现收到加工一批小锤子的订单，需要通过卧式车床和铣床加工出这批小锤子的成品，并完成质量检测。要求：小锤子外形整洁、美观，实用，小批量生产，生产件数为 35 件。

（2）机械图样的基本表达方法有哪些？

视图、剖视图、断面图、局部放大图和简化表示法、向视图。

（3）机械图样的特殊表达方法有哪些？

螺纹及螺纹紧固件的表达方法。

（4）一幅完整的零件图应当包括的基本内容有哪些？

（5）图形、尺寸、技术要求、标题栏如何绘制？

（6）正确选择基准、合理标注零件尺寸的方法和步骤是怎样的？

2. 制订计划

根据资讯确定识读小锤子装配图和零件图的计划，对于图样中错误和理解不清楚的部分进行提问。

小锤子的图样如图 2-2~图 2-5 所示。

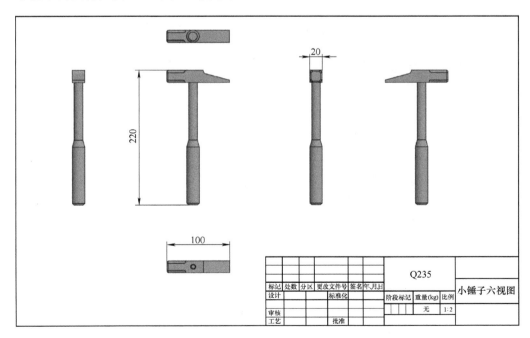

图　2-2

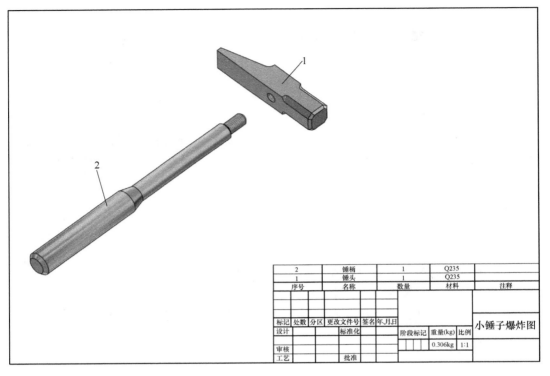

2	锤柄	1	Q235	
1	锤头	1	Q235	
序号	名称	数量	材料	注释

标记	处数	分区	更改文件号	签名	年,月,日				小锤子爆炸图
设计			标准化						
						阶段标记	重量(kg)	比例	
审核							0.306kg	1:1	
工艺			批准						

图　2-3

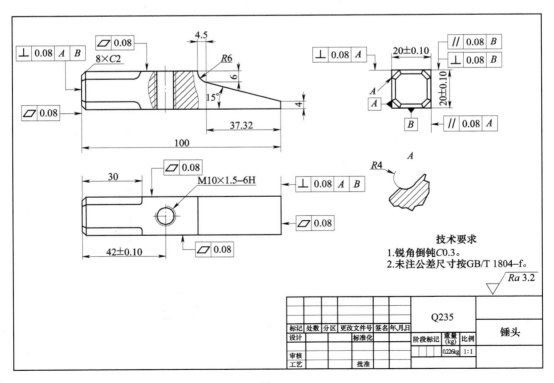

技术要求

1.锐角倒钝C0.3。

2.未注公差尺寸按GB/T 1804–f。

$\sqrt{Ra\,3.2}$

标记	处数	分区	更改文件号	签名	年,月,日				Q235	锤头
设计			标准化							
						阶段标记	重量(kg)	比例		
审核							0.226kg	1:1		
工艺			批准							

图　2-4

— 42 —

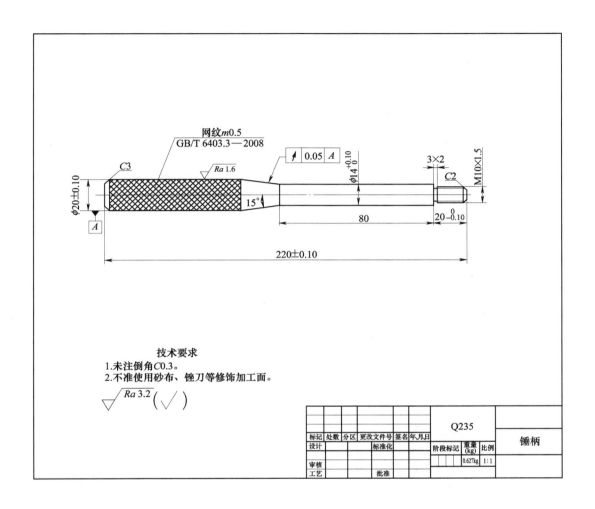

图　2-5

3. 做出决策

根据计划，决策出识读小锤子装配图的步骤如下：

概括了解→了解装配关系和工作原理→分析零件，读懂零件结构、形状→分析尺寸，了解技术要求。

根据计划，决策出识读小锤子零件图的步骤如下：

概括了解→分析表达方案→分析尺寸→分析技术要求。

4. 付诸实施

根据决策确定识读小锤子装配图的步骤，填写表2-1。

表 2-1

概括了解：由标题栏了解装配体的名称和用途，由明细栏和序号可知零件的数量和种类，从而知其大致的组成情况及复杂程度	
了解装配关系和工作原理：分析部件中各零件之间的装配关系，并读懂部件的工作原理	
分析零件，读懂零件结构、形状	
分析尺寸，了解技术要求：装配图中必要的尺寸，包括规格尺寸、装配尺寸、安装尺寸和总体尺寸	

根据决策确定识读小锤子零件图的步骤，填写表 2-2。

表 2-2

概括了解：由标题栏了解零件的材料、名称、比例等，并浏览视图，初步得出零件的用途和形体概貌	
分析表达方案：分析视图布局，找出主视图、其他基本视图和辅助视图。根据剖视、断面的剖切方法、位置，分析剖视、断面的表达目的和作用	
分析尺寸：先找出零件长、宽、高三个方向的尺寸基准，然后从基准出发，找出主要尺寸。再用形体分析法找出各部分的定形尺寸和定位尺寸。在分析过程中要注意检查是否有多余和遗漏的尺寸，尺寸是否符合设计和工艺要求	
分析技术要求：分析零件的尺寸公差、几何公差、表面粗糙度和其他技术要求，弄清哪些尺寸精度要求高、哪些尺寸精度要求低，哪些表面质量要求高、哪些表面质量要求低，哪些表面不加工，以便进一步考虑相应的加工方法	

综合前面填写的表格，把图形、尺寸和技术要求等全面系统地联系起来思索，并参考相关资料，得出零件的尺寸大小、整体结构、技术要求及零件的作用等完整的概念。注意：在看零件图的过程中，不能把上述步骤机械地分开，往往是穿插进行的。对于有些表达不够理想的零件图，需要反复、仔细地分析，才能看懂。

5. 进行检查

根据计划和决策要求，确定检查内容、检查工具和方法，填写表 2-3。

表　2-3

检 查 记 录

任务：识读小锤子装配图和零件图				名字：	
步骤	名　　称	检查方法/工具	标准	实际	得分
1					
2					
3					
4					
5					
6					
7					
8					
9					
10					
每个步骤 5 分				总分：	

6. 评价绩效（表2-4）

表 2-4

完成情况（填写完成/未完成）	
根据决策要求评价自己的工作：	
下次工作怎样可以做得更好？	
从任务中学到了什么？	
工作环节成果展示——小锤子零件图识读讲解	

【典型工作环节 2 确定工艺路线】

1. 搜集资讯

（1）划分工序的方法有哪些？

按照刀具划分，按照安装次数划分，按照粗、精加工划分，按照加工部位划分。

（2）划分加工工序的原则是什么？

基准先行，先粗后精，先主后次，先面后孔。

（3）工艺过程的组成部分有哪些？

工序、工步、安装、走刀、工位。

（4）制订工艺过程的步骤是什么？

对零件进行工艺分析→毛坯选择→定位基准选择→拟订工艺路线→确定加工余量→确定

各工序的机床设备及刀具、夹具、量具→确定切削用量→确定工时额定→编制技术文件。

（5）车削加工工艺包括什么？

车削外圆柱面、端面、台阶、沟槽、孔以及切断。

2. 制订计划

根据零件结构、尺寸分析，制订小锤子加工工艺方案，主要步骤有：

确定生产类型→拟订工艺路线→设计加工工序→编制技术文档（主要为机械加工工艺过程卡和机械加工工序卡）。

3. 做出决策

根据计划中加工工艺方案的步骤，做出相应决策，填写表 2-5。

表 2-5

确定生产类型		
拟订工艺路线	确定工件定位基准	
	选择加工方法	
	拟订工艺	
设计加工工序	选择加工设备	
	选择工艺装备（刀具、量具、夹具及其他）	
	确定工步内容	
	确定切削用量（背吃刀量、主轴转速、进给量）	
	确定加工余量	

4. 付诸实施

根据决策，编制技术文档（机械加工工艺过程卡、机械加工工序卡和刀具清单卡），填写表 2-6~表 2-8。完成后每个小组进行讨论，根据讨论情况确定最优的工艺路线，由任课教师进行检测和最终点评。

表 2-6

机械加工工艺过程卡		产品型号		零件图号		共 页	第 页
		产品名称		零件名称			

材料牌号		毛坯种类		毛坯外形尺寸		每毛坯可制件数		每台件数		备注	

工序号	工序名称	工序内容	车间	工段	设备	工艺装备				工时	
						夹具	刀具	量具		准终	单件

			设计（日期）	校对（日期）	审核（日期）	标准化（日期）	会签（日期）

标记	处数	更改文件号	签字	日期	标记	处数	更改文件号	签字	日期

表 2-7

班	机械加工工序卡	产品型号		零件图号				
		产品名称		零件名称		共　页	第　页	

		车间	工序号	工序名称	材料牌号
		机加工	毛坯种类	毛坯外形尺寸	每毛坯可制件数	每台件数
		设备名称	设备型号	设备编号	同时加工件数
		夹具编号	夹具名称		切削液
		工位器具编号	工位器具名称		工序工时/min
					准终	单件

工步号	工步内容	工艺装备	主轴转速/(r/min)	切削速度/(m/min)	进给量/(mm/r)	背吃刀量/mm	进给次数	工步工时/min	
								基本	辅助

				设计(日期)	校对(日期)	审核(日期)	标准化(日期)	会签(日期)

标记	处数	更改文件号	签字	日期	标记	处数	更改文件号	签字	日期

表 2-8

刀具清单卡

序号	刀具	规格	数量	备注说明
1				
2				
3				
4				
5				
6				
7				
8				
9				
10				
11				
12				
13				
14				
15				
16				
17				
18				
19				
20				
21				
22				
23				
24				
25				
26				
27				
28				
29				
30				

5. 进行检查

根据计划和决策要求，确定检查内容、检查工具和方法，填写表2-9。

表 2-9

检 查 记 录

任务：确定小锤子工艺路线			名字：		
步骤	名　　称	检查方法/工具	标准	实际	得分
1	确定原材料、毛坯				
2	填写机械加工工艺过程卡				
3	填写机械加工工序卡				
4	填写刀具清单卡				
每个步骤5分			总分：		

6. 评价绩效（表2-10）

表 2-10

完成情况（填写完成/未完成）	

根据决策要求评价自己的工作：

下次工作怎样可以做得更好？

从任务中学到了什么？

工作环节成果展示——小锤子零件加工工艺过程讲解

【典型工作环节 3　加工前准备】

1. 搜集资讯

（1）了解加工场地的基本情况、设备型号以及使用范围。

（2）了解加工前需要准备的内容。

（3）机床加工设备有哪些？

车床、铣床、磨床、钻床。

（4）机床上常用的夹具有哪些？

机用虎钳、自定心卡盘。

2. 制订计划

在加工之前，需要进行准备工作，因此需要制订一个加工前准备工作计划，主要内容为加工工具准备、物料准备。

3. 做出决策

根据计划内容，制订工具–设备清单、物料清单，根据清单内容，进行加工前准备，确保加工前准备内容齐备。

4. 付诸实施

根据决策，填写表 2-11 和表 2-12。

表　2-11

工具-设备清单					
序号	名　称	状态	现有数量	损坏数量	缺少数量
1					
2					
3					
4					
5					
6					
7					
8					
9					
10					

表 2-12

序号	名　　称	尺寸/种类	价格/元
1			
2			
3			
4			
5			
6			
7			
8			
9			
10			
11			
12			
13			
14			
15			
16			
17			
18			
19			
20			

物料清单

5. 进行检查

根据计划和决策要求，确定检查内容、检查工具和方法，填写表2-13。

表 2-13

检　查　记　录

任务：加工前准备			名字：		
步骤	名　　称	检查方法/工具	标准	实际	得分
1					
2					
3					
4					
5					
6					
7					
8					
9					
10					
每个步骤 5 分				总分：	

6. 评价绩效（表2-14）

表 2-14

完成情况（填写完成/未完成）	
根据决策要求评价自己的工作：	
下次工作怎样可以做得更好？	
从任务中学到了什么？	
工作环节成果展示——小锤子加工前准备内容讲解	

【典型工作环节4 进行加工】

1. 搜集资讯

（1）了解铣床的基本操作内容。

（2）了解铣床的清洁和保养内容。

（3）了解平面铣削的方法。

（4）了解斜面铣削的方法。

（5）了解钻孔的方法。

（6）了解攻螺纹和套螺纹的方法。

（7）了解车床操作的基本内容。

（8）了解车床的清洁和保养内容。

（9）了解台阶轴的手动加工方法。

（10）了解外圆锥面的加工方法。

（11）了解滚花的技术要求。

2. 制订计划

根据实际加工中遇到的情况，制订一个加工计划，主要内容为根据安全教育内容，制作过程性记录文件；根据加工前准备内容制作各零件实践条件清单和相关知识点说明文件；根据机械加工工序卡和机械加工工艺过程卡进行工作任务安排和时间统筹，在确保加工质量的同时，提高加工效率。

3. 做出决策

最终决策是根据加工计划内容，制订安全教育内容，对学生进行分组，制订实训记录手册，记录每组学生的加工进度。

4. 付诸实施

（1）安全教育。

课程主要执行人有责任向学生讲授工作安全保护和健康保护方面的知识，以确保他们在生产时有足够的自我保护意识。学生在学习新技术前，在工作领域变动或引入新工序、新材料时，都应接受安全指导，了解潜在的危险。要定期通过书面形式确认学生已掌握安全知识，至少每年一次。

相应的基础知识包括：

1）劳动保护法。

2）安全防护条例。

3）危险材料、生物材料使用规定等。

安全教育主题包括：

1）工作职责。

2）消防设备的位置。

3）逃生通道的标志和走向。

4）个人防护措施。

5）生产工具和机器的使用。

6）电气设备的使用。

在完成安全教育后填写表 2-15。

表　2-15

安全教育记录	
负责人	
执行人	
主题	1. 室内安全
	2. 环境安全
	3. 工作台安全
	4. 钻床安全
	5. 铣床、车床安全
日期/签字	

本人已参加安全教育培训，已知悉上述主题的内容，本人会留意并遵守相关规章。

请列举执行任务中重要的工作安全和环境保护措施，填写表 2-16。

表　2-16

序号	工作安全措施
1	
2	
3	
4	
5	
6	
7	
8	
9	
10	
	环境保护措施
1	
2	
3	
4	
5	
6	
7	
8	
9	
10	

（2）实训记录手册。

工艺制订·绘图

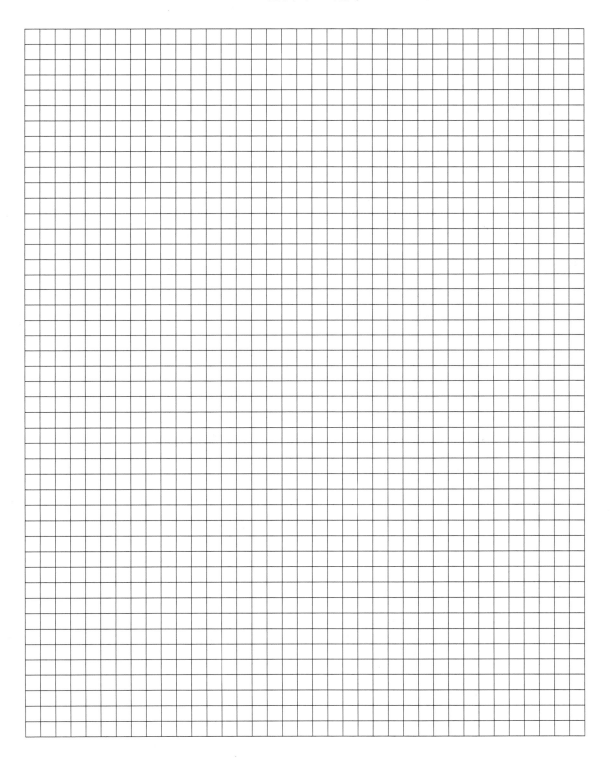

姓名：_____ 学号：_____ 日期：____年____月____日至_____年_____月_____日

时间	工 作 内 容	时长/h
星期一		
星期二		
星期三		
星期四		
星期五		
累计学时		

导师：_____

注：学生必须在每天工作结束前填写完毕。

（3）实践条件和知识点说明。根据决策，填写每个零件制作的实践条件表格。

零件 1：锤头的制作（表 2-17）

表　2-17

实　践　条　件	
类别	名　　　称
毛坯	
设备	
量具	
工具	
其他	

知识点 1：铣削平面

铣平面可以用圆柱铣刀、面铣刀或三面刃盘铣刀在卧式铣床或立式铣床上进行。

1）用圆柱铣刀铣平面。

在卧式铣床上用圆柱铣刀铣平面时，所用圆柱铣刀一般为螺旋齿圆柱铣刀，铣刀的宽度必须大于所铣平面的宽度，螺旋线的方向应使铣削时所产生的轴向力将铣刀推向主轴轴承方向。

操作方法：根据机械加工工艺过程卡的规定调整机床的转速和进给量，再根据加工余量来调整铣削深度，然后开始铣削。铣削时，先手动使工作台纵向靠近铣刀，而后改为自动进给。当进给行程尚未完毕时不要停止进给运动，否则铣刀在停止的地方切入金属比较深，会形成表面深哨现象。铣削铸铁件时不加切削液（因铸铁中的石墨可起润滑作用，铣削钢件时要加切削液，通常用含硫矿物油作为切削液。图 2-6 所示为用圆柱铣刀铣平面。

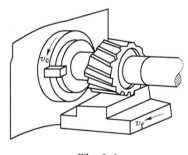

图　2-6

2）用面铣刀铣平面。

面铣刀一般用于在立式铣床上铣平面，有时也用于在卧式铣床上铣垂直面，如图 2-7 所示。

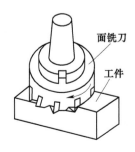
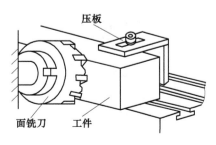

图　2-7

一般面铣刀中间带有圆孔。通常先将铣刀装在短刀杆上，再将刀杆装入机床的主轴上，并用拉杆螺杆拉紧。

用面铣刀铣平面时，面铣刀的直径应大于工件加工面的宽度，一般为它的 1.2~1.5 倍。

面铣刀铣平面的步骤与圆柱铣刀相同，但面铣刀的刀体短，刚性好，加工中振动小，切削平稳。

知识点 2：铣削斜面

工件上常具有斜面的结构，铣削斜面的方法很多，下面介绍几种常用的方法。

1）使用倾斜垫铁定位工件铣斜面。

如图 2-8a 所示，在零件设计基准面下垫一块倾斜的垫铁，则铣出的平面就与设计基准面成一定的倾斜角度，改变倾斜垫铁的角度，即可加工不同角度的斜面。

2）用万能铣头铣斜面。

如图 2-8b 所示，由于万能铣头能方便地改变刀杆的空间位置，因此可以转动铣头以使刀具相对工作台倾斜一定角度来铣斜面。

3）用角度铣刀铣斜面。

如图 2-8c 所示，斜面的倾斜角度由角度铣刀保证。受铣刀切削刃宽度的限制，用角度铣刀铣削斜面只适用于宽度较窄的斜面。

4）用分度头铣斜面。

如图 2-8d 所示，在一些圆柱形和特殊形状的零件上加工斜面时，可利用分度头将工件转到所需位置，从而铣出斜面。

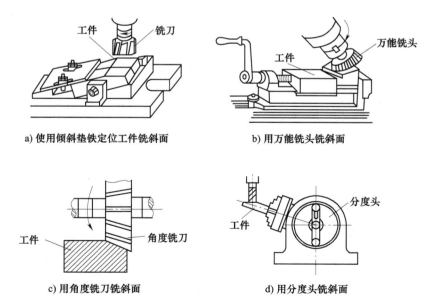

a) 使用倾斜垫铁定位工件铣斜面　　　　　　b) 用万能铣头铣斜面

c) 用角度铣刀铣斜面　　　　　　d) 用分度头铣斜面

图　2-8

零件 2：锤柄的制作（表 2-18）

表　2-18

实　践　条　件	
类别	名　　　称
毛坯	
设备	
量具	
工具	
其他	

知识点 1：车削外圆柱面

车削外圆柱面的步骤如图 2-9 所示。

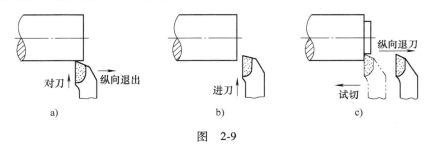

图　2-9

1）对刀。起动车床，使工件回转。左手摇动床鞍手轮，右手摇动中滑板手柄，使车刀刀尖趋近并轻轻接触工件待加工表面，以此作为确定背吃刀量的零点位置。然后反向摇动床鞍手轮（此时中滑板手柄不动），使车刀向右离开工件 3~5mm，如图 2-9a 所示。

2）进刀。摇动中滑板手柄，使车刀横向进给，进给量即为背吃刀量，其大小通过中滑板上刻度盘进行控制和调整，如图 2-9b 所示。

3）试切。试切的目的是控制背吃刀量，保证工件的加工尺寸。车刀在进刀后，纵向进给切削工件 2mm 左右时，纵向快速退出车刀，如图 2-9c 所示，停车测量。根据测量结果，相应调整背吃刀量，直至试切测量结果达到要求为止。

4）粗车外圆柱面。

5）精车外圆柱面。调整背吃刀量，精车外圆柱面至精确尺寸。

知识点 2：车削圆锥面

将工件车成锥体的方法叫车削圆锥面。圆锥面分外圆锥和内圆锥。在车床上加工圆锥面常用转动小滑板法。

转动小滑板法车削原理：将小滑板转动一个角度，角度大小为工件圆锥角的 1/2，采用小滑板进给的方式，使车刀的运动轨迹与所要车削的圆锥素线平行。车削的外圆锥如果大端靠近主轴、小端靠近尾座，则小滑板应逆时针方向转过工件圆锥角的 1/2；反之则应顺时针方向转过工件圆锥角的1/2。车削内圆锥则与车削外圆锥相反。用转动小滑板法车削圆锥面的适用范围广，能车削各种角度的内外圆锥面，但劳动强度大，不适宜较长锥面的加工，且锥度和表面粗糙度难以控制。

转动小滑板法车削外圆锥示意图如图2-10所示。

（4）学生工作任务安排（表2-19）。

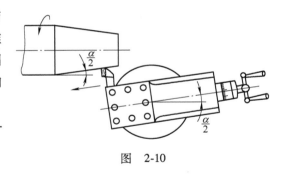

图 2-10

表 2-19

工作任务安排		
第一天	老师和学生相互认识 课程内容介绍 参观车间 工作岗位和铣床、车床认知 学习车床的基本操作 学习车床的清洁与保养方法 安全教育 生产过程计划	8：30~11：30 14：30~17：00
第二天	常用车削刀具认知 安装车刀、工件 车刀的刃磨 外径千分尺的使用	8：30~11：30 14：30~17：00
第三天	制作锤头 顺铣和逆铣介绍 平面铣削的步骤 铣削斜面的方法和步骤 斜面检测 钻孔操作 攻螺纹操作 检查尺寸和几何公差，检查结果并存档 废料最小化 图样阅读 清理废料	8：30~11：30 14：30~17：00
第四天	制作锤柄 台阶轴的车削操作步骤 一夹一顶加工方法 外沟槽加工 外圆锥面加工 切削用量选择 圆锥面检测	8：30~11：30 14：30~17：00

（续）

工作任务安排		
第四天	套螺纹操作 检查尺寸和几何公差，检查结果并存档 废料最小化 图样阅读 清理废料	8：30～11：30 14：30～17：00
第五天	小锤子的装配和装饰 螺纹联接装配方法 抛光操作 检查装配关系，检查结果并存档 安全教育 清理废料 成果展示	8：30～11：30 14：30～17：00

5. 进行检查

根据计划和决策要求，确定检查内容、检查工具和方法，填写表2-20和表2-21。

表　2-20

检 查 记 录					
任务：锤头加工			名字：		
步骤	名　　称	检查方法/工具	标准	实际	得分
1					
2					
3					
4					
5					
6					
7					
8					
9					
10					
每个步骤5分				总分：	

表 2-21

检 查 记 录

任务：锤头加工				名字：	
步骤	名　称	检查方法/工具	标准	实际	得分
1					
2					
3					
4					
5					
6					
7					
8					
9					
10					
每个步骤 5 分				总分：	

6. 评价绩效（表 2-22）

表 2-22

完成情况（填写完成/未完成）	

根据决策要求评价自己的工作：

下次工作怎样可以做得更好？

从任务中学到了什么？

工作环节成果展示——小锤子加工过程讲解

【典型工作环节 5　装配】

1. 搜集资讯

（1）螺纹联接的装配方法有哪些？

（2）装配过程中的修配方法有哪些？

（3）抛光技巧有哪些？

（4）装配精度主要包括哪几个方面？

尺寸精度、位置精度、相对运动精度、接触精度。

（5）保证安装精度的方法有哪些？

完全互换法、选择装配法、修配法、调节法。

（6）装配工艺规程的主要内容是什么？

1）分析产品装配图，划分装配单元，确定装配方法。

2）拟订装配顺序，划分装配工序。

3）计算装配时间定额。

4）确定各工序装配技术要求、质量检查方法和检查工具。

5）选择和设计装配过程中需要的工具、夹具和专用设备。

2. 制订计划

根据收集的资讯内容，制订小锤子装配计划，主要为小锤子装配步骤、螺纹联接注意事项。

3. 做出决策

根据小锤子装配计划，做出的决策为编制小锤子装配步骤和螺纹联接注意事项文档。

4. 付诸实施

根据决策要求编制小锤子装配过程。

（1）作业前准备工作，填写表 2-23。

表　2-23

作业资料	
作业场所	
作业物料	

（2）小锤子装配。

锤头和锤柄装配，将锤头和锤柄通过螺纹联接，如图 2-11 所示。

（3）螺纹联接注意事项。

1）保证有足够的拧紧力矩。

2）保证螺纹联接的配合精度。

3）有必要的防松装置。

5. 进行检查

根据计划和决策要求，确定检查内容、检查工具和方法，填写表 2-24。

图　2-11

表　2-24

检 查 记 录

任务：小锤子装配				名字：	
步骤	名　　称	检查方法/工具	标准	实际	得分
1					
2					
3					
4					
5					
6					
7					
8					
9					
10					
每个步骤 5 分				总分：	

6. 评价绩效（表2-25）

表　2-25

完成情况（填写完成/未完成）	
根据决策要求评价自己的工作：	
下次工作怎样可以做得更好？	
从任务中学到了什么？	
工作环节成果展示——小锤子装配过程讲解	

【典型工作环节 6　展示】

1. 搜集资讯

（1）制作小锤子的难点是什么？

（2）采用哪种展示方式能够更好地展示小锤子加工工艺过程？

动画演示、图示讲解等。

（3）演讲技巧有哪些？

（4）加工小锤子过程中的套螺纹操作如何展示？

2. 制订计划

根据搜集的资讯，制订成果展示计划，主要包括展示方式、展示内容的选择方案和表现原则。

3. 做出决策

最终决策为采用演讲的方式进行展示，通过制作加工过程来展示加工过程，利用 PPT 多媒体形式进行辅助展示，主要讲解内容为小锤子加工工艺安排和加工过程中遇到问题的处理方法。

4. 付诸实施

根据相关决策要求，制作装配视频、展示 PPT 和演讲稿，并进行实际课堂展示。

5. 进行检查

根据计划和决策要求，确定检查内容、检查工具和方法，填写表 2-26。

表　2-26

检　查　记　录

任务：展示			名字：		
步骤	名　　称	检查方法/工具	标准	实际	得分
1	装配视频				
2	展示 PPT				
3	演讲稿				
每个步骤 5 分			总分：		

6. 评价绩效 （表 2-27）

表　2-27

完成情况（填写完成/未完成）	
根据决策要求评价自己的工作：	
下次此环节怎样可以做得更好？	
从这个环节中学到了什么？	
工作环节成果展示——小锤子制作全过程展示	

学习情境 3

制作金属时钟

【学习目标】

1. 知识目标

（1）掌握钳工、车削技术相关知识。

（2）掌握机械图样的表达方式。

（3）掌握组件的装配、调试方法。

（4）掌握零件表面缺陷的评定方法。

（5）掌握攻螺纹和套螺纹相关知识。

2. 能力目标

（1）了解钳工常用工具和量具的结构，熟练掌握其使用方法。

（2）能读懂常规的总装图、组件图、结构图和简单的线路图，并能描述和解释组件的功能关系。

（3）能根据生产的需要合理选择钳工设备、工具、标准件和夹具，独立制订复杂工件的加工工艺并进行加工制作，以团队的形式来组织简单的装配工作。

（4）能制订功能检测标准和检测方案，记录、整理检测结果，制作检测报告，演示报告工作结果。

（5）能对工件进行质量分析，评价测试结果，减少质量缺陷，并提出预防质量问题的措施，优化装配过程并考虑其经济性。

（6）遵守劳动保护和环境保护等相关规定。

（7）能查阅与专业有关的技术资料。

【学习性任务描述】

在金工实训车间里，学习性任务是制作一台金属时钟。关于金属时钟的知识在理论课程阶段已介绍过，本任务是按照图 3-1 所示制作一台金属时钟。

图　3-1

【典型工作环节1　识读图样】

1. 搜集资讯

（1）本任务订单内容是什么？

现收到加工一批金属时钟的订单，需要通过手动工具以及简单的机床加工出这批金属时钟的成品。要求：金属时钟外形整洁、美观，设计合理，材料利用率高，设计、加工全部由学生独立完成。

（2）何为图样？

图样是标有尺寸、方位及技术参数等加工所需细节的工程实物的图示表达，是用标明尺寸的图形和文字来说明工程建筑、机械、设备等的结构、形状、尺寸及其他要求的一种技术文件。

（3）零件结构、形状如何表达？

主要步骤为选择主视图、确定零件主视图的投射方向、选择其他视图。

（4）零件图的技术要求有哪些？

表面结构的图样表示法、极限与配合、几何公差。

（5）常见的装配结构有哪些？

接触面和配合面结构、密封结构、防松装置等。

2. 制订计划

（1）识读图样。

读图并根据已有的图样分析是否具有可加工性及是否存在缺陷，提出改善意见。图3-2~图3-11为金属时钟的装配图以及零件图。

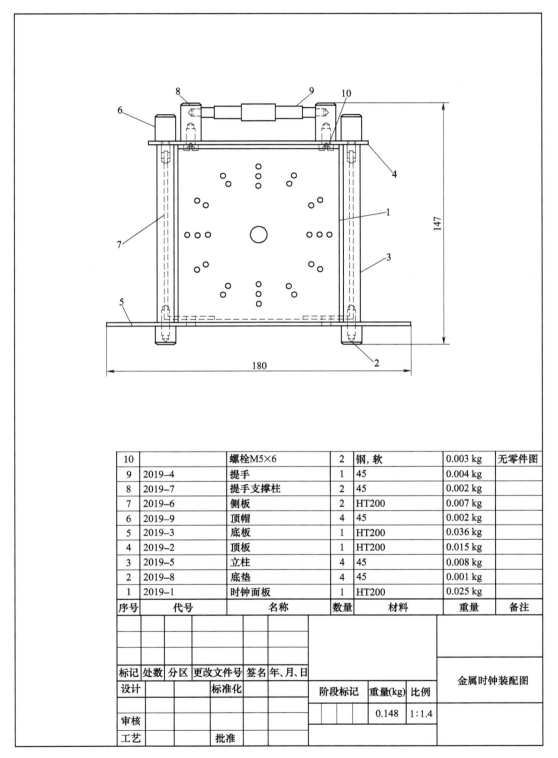

10		螺栓M5×6	2	钢，软	0.003 kg	无零件图
9	2019–4	提手	1	45	0.004 kg	
8	2019–7	提手支撑柱	2	45	0.002 kg	
7	2019–6	侧板	2	HT200	0.007 kg	
6	2019–9	顶帽	4	45	0.002 kg	
5	2019–3	底板	1	HT200	0.036 kg	
4	2019–2	顶板	1	HT200	0.015 kg	
3	2019–5	立柱	4	45	0.008 kg	
2	2019–8	底垫	4	45	0.001 kg	
1	2019–1	时钟面板	1	HT200	0.025 kg	
序号	代号	名称	数量	材料	重量	备注

标记	处数	分区	更改文件号	签名	年、月、日				
设计			标准化						金属时钟装配图
审核						阶段标记	重量(kg)	比例	
工艺			批准				0.148	1:1.4	

图　3-2

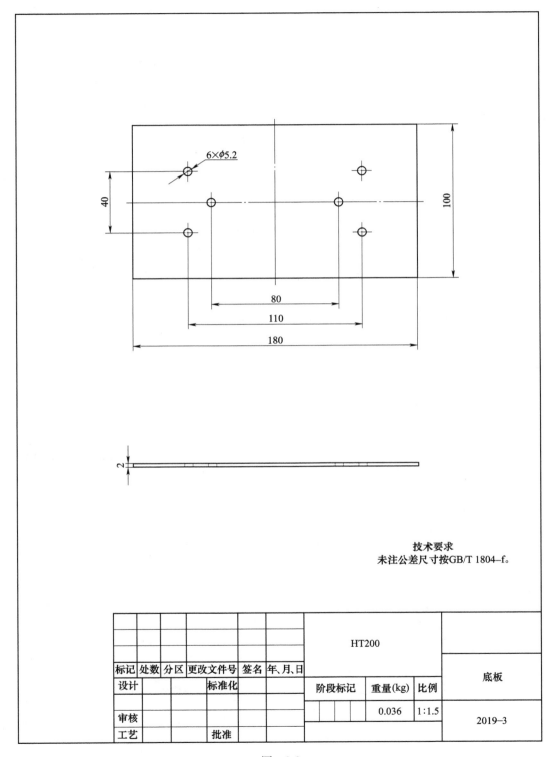

技术要求
未注公差尺寸按GB/T 1804–f。

标记	处数	分区	更改文件号	签名	年、月、日	HT200			底板
设计			标准化			阶段标记	重量(kg)	比例	
审核							0.036	1:1.5	2019–3
工艺			批准						

图　3-3

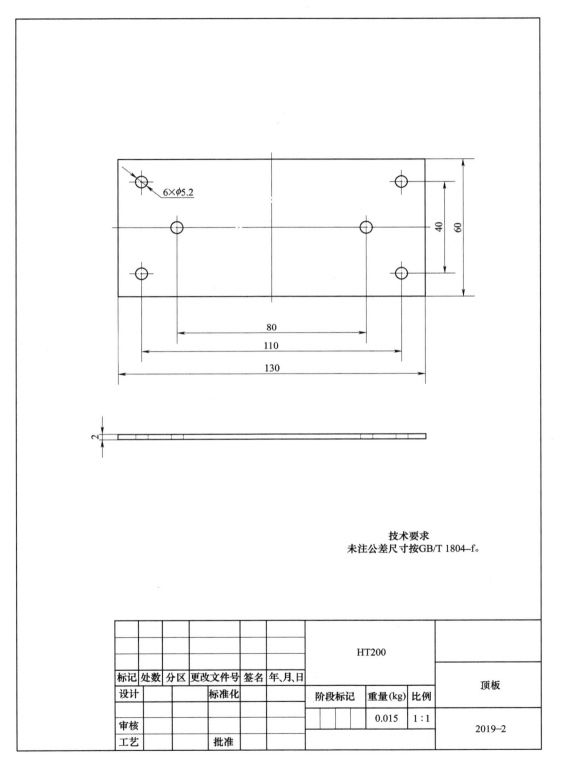

技术要求
未注公差尺寸按GB/T 1804–f。

标记	处数	分区	更改文件号	签名	年、月、日					HT200	
设计			标准化			阶段标记		重量(kg)	比例		顶板
审核								0.015	1:1		
工艺			批准								2019–2

图 3-4

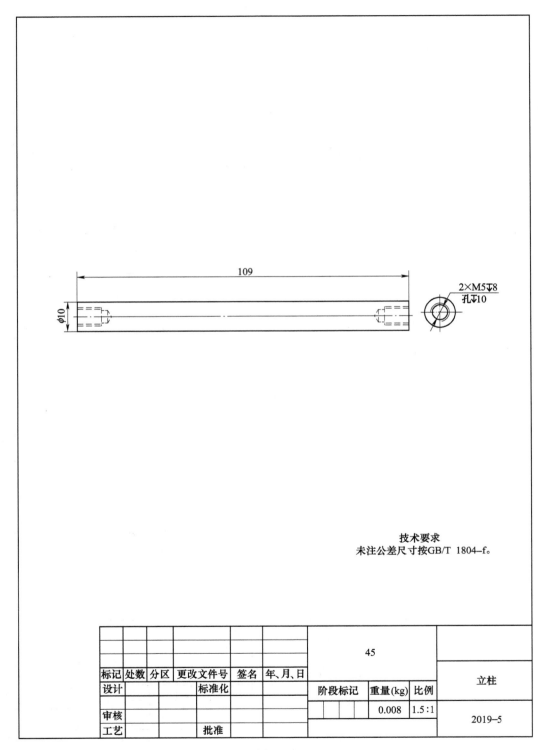

技术要求
未注公差尺寸按GB/T 1804–f。

标记	处数	分区	更改文件号	签名	年、月、日				
设计			标准化				45		
						阶段标记	重量(kg)	比例	立柱
审核							0.008	1.5:1	
工艺			批准						2019–5

图 3-5

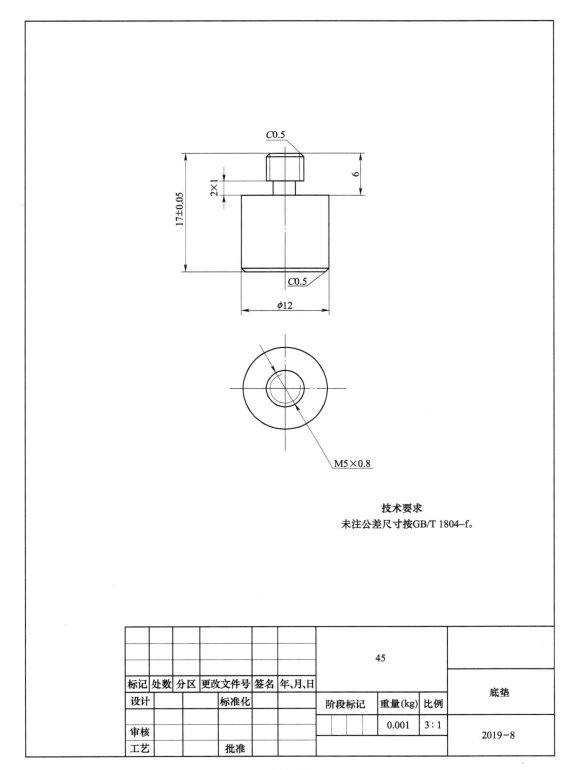

技术要求
未注公差尺寸按GB/T 1804–f。

标记	处数	分区	更改文件号	签名	年、月、日		45			底垫
设计			标准化							
						阶段标记	重量(kg)	比例	
审核							0.001	3∶1	2019−8
工艺			批准						

图　3-6

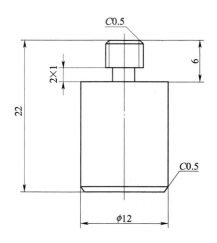

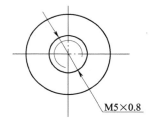

技术要求
未注公差尺寸按GB/T 1804–f。

标记	处数	分区	更改文件号	签名	年、月、日		45			顶帽
设计			标准化			阶段标记	重量(kg)	比例		
审核							0.002	3:1		2019–9
工艺			批准							

图 3-7

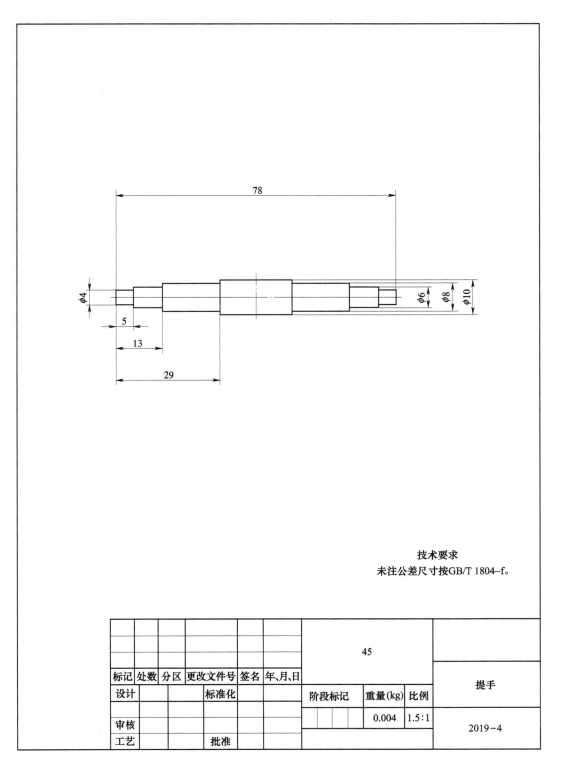

技术要求
未注公差尺寸按GB/T 1804-f。

标记	处数	分区	更改文件号	签名	年、月、日			45		
设计			标准化							提手
						阶段标记	重量(kg)	比例		
审核							0.004	1.5:1		
工艺			批准						2019-4	

图 3-8

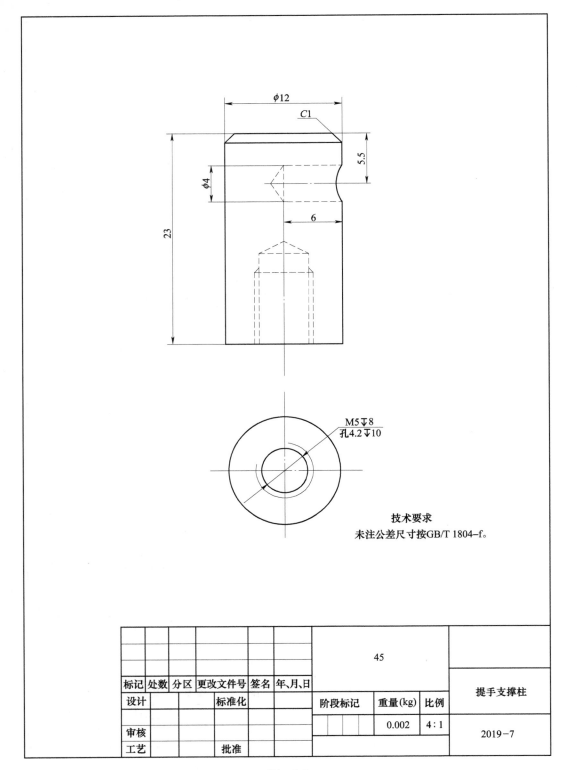

技术要求
未注公差尺寸按GB/T 1804-f。

标记	处数	分区	更改文件号	签名	年、月、日			45			
设计			标准化								
						阶段标记	重量(kg)	比例		提手支撑柱	
审核							0.002	4:1			
工艺			批准							2019-7	

图 3-9

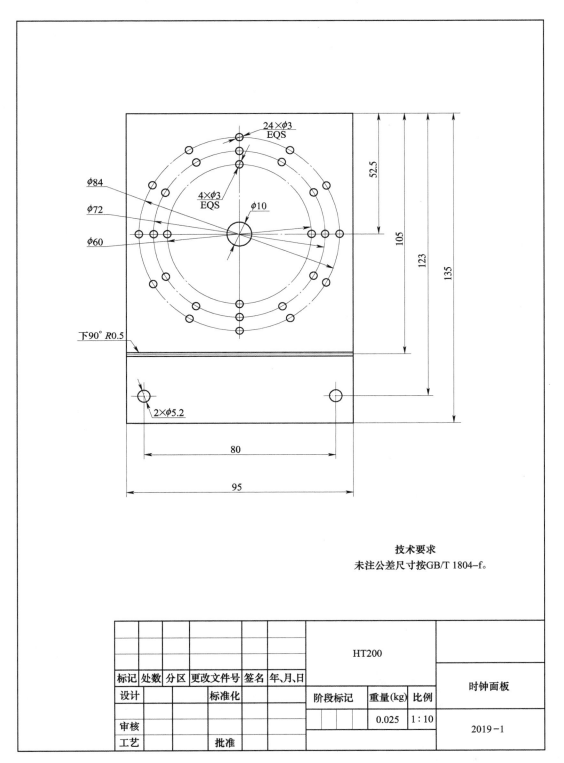

技术要求
未注公差尺寸按GB/T 1804-f。

标记	处数	分区	更改文件号	签名	年、月、日				HT200		
设计			标准化								
						阶段标记	重量(kg)	比例	时钟面板		
审核							0.025	1:10			
工艺			批准						2019-1		

图 3-10

— 79 —

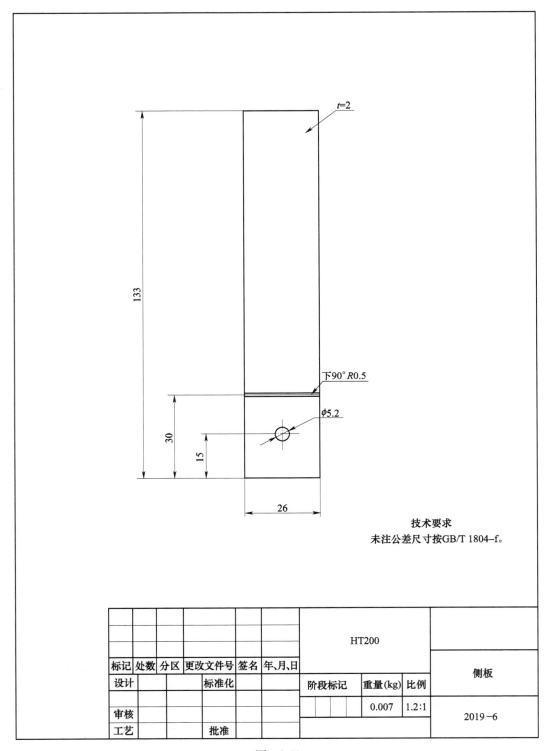

标记	处数	分区	更改文件号	签名	年、月、日			HT200			侧板
设计			标准化			阶段标记		重量(kg)	比例		
											2019－6
审核								0.007	1.2:1		
工艺			批准								

技术要求

未注公差尺寸按GB/T 1804–f。

图 3-11

（2）绘制图样。

为了避免因尺寸错误或者缺失造成加工缺陷，根据已给出的图样手绘机械图样。

3. 做出决策

（1）根据计划，决策出识读金属时钟装配图的步骤如下：

概括了解→了解装配关系和工作原理→分析零件，读懂零件结构、形状→分析尺寸，了解技术要求。

（2）根据计划，决策出识读金属时钟零件图的步骤如下：

概括了解→分析表达方案→分析尺寸→分析技术要求。

4. 付诸实施

根据决策确定识读金属时钟装配图的步骤，填写表 3-1。

表 3-1

概括了解：由标题栏了解装配体的名称和用途，由明细栏和序号可知零件的数量和种类，从而知其大致的组成情况及复杂程度	
了解装配关系和工作原理：分析部件中各零件之间的装配关系，并读懂部件的工作原理	
分析零件，读懂零件结构、形状	
分析尺寸，了解技术要求：装配图中必要的尺寸包括规格尺寸、装配尺寸、安装尺寸和总体尺寸	

根据决策确定识读金属时钟零件图的步骤，填写表 3-2。

表　3-2

概括了解：由标题栏了解零件的材料、名称、比例等，并浏览视图，初步得出零件的用途和形体概貌	
分析表达方案：分析视图布局，找出主视图、其他基本视图和辅助视图。根据剖视、断面的剖切方法、位置，分析剖视、断面的表达目的和作用	
分析尺寸：先找出零件长、宽、高三个方向的尺寸基准，然后从基准出发，找出主要尺寸。再用形体分析法找出各部分的定形尺寸和定位尺寸。在分析中要注意检查是否有多余和遗漏的尺寸，尺寸是否符合设计和工艺要求	
分析技术要求：分析零件的尺寸公差、几何公差、表面粗糙度和其他技术要求，弄清哪些尺寸精度要求高、哪些尺寸精度要求低，哪些表面质量要求高、哪些表面质量要求低，哪些表面不加工，以便进一步考虑相应的加工方法	

综合前面填写的表格，把图形、尺寸和技术要求等全面系统地联系起来考虑，并参考相关资料，得出零件的尺寸大小、整体结构、技术要求及零件的作用等完整的概念。注意：在看零件图的过程中，不能把上述步骤机械地分开，往往是穿插进行的。对于有些表达不够理想的零件图，需要反复、仔细地分析，才能看懂。

根据相关决策要求，各位同学首先完成各零件图的绘制，再完成装配图的绘制。

每份图样都有一个标题栏，用来填写对于准备工作和加工尤为重要的参数。创建标题栏和绘制图样时可以使用标准字符。

5. 进行检查

根据计划和决策要求，确定检查内容、标准、工具和方法，填写表 3-3。

表　3-3

<table>
<tr><td colspan="6">检　查　记　录</td></tr>
<tr><td colspan="4">任务：识读金属时钟的零件图和装配图</td><td colspan="2">名字：</td></tr>
<tr><td>步骤</td><td>名　　称</td><td>检查方法/工具</td><td>标准</td><td>实际</td><td>得分</td></tr>
<tr><td>1</td><td></td><td></td><td></td><td></td><td></td></tr>
<tr><td>2</td><td></td><td></td><td></td><td></td><td></td></tr>
<tr><td>3</td><td></td><td></td><td></td><td></td><td></td></tr>
<tr><td>4</td><td></td><td></td><td></td><td></td><td></td></tr>
<tr><td>5</td><td></td><td></td><td></td><td></td><td></td></tr>
<tr><td>6</td><td></td><td></td><td></td><td></td><td></td></tr>
<tr><td>7</td><td></td><td></td><td></td><td></td><td></td></tr>
<tr><td>8</td><td></td><td></td><td></td><td></td><td></td></tr>
<tr><td>9</td><td></td><td></td><td></td><td></td><td></td></tr>
<tr><td>10</td><td></td><td></td><td></td><td></td><td></td></tr>
<tr><td colspan="4">每个步骤 5 分</td><td colspan="2">总分：</td></tr>
</table>

6. 评价绩效（表 3-4）

表　3-4

<table>
<tr><td>完成情况（填写完成/未完成）</td><td></td></tr>
<tr><td colspan="2">根据决策要求评价自己的工作：</td></tr>
<tr><td colspan="2">下次工作怎样可以做得更好？</td></tr>
<tr><td colspan="2">从任务中学到了什么？</td></tr>
<tr><td colspan="2">工作环节成果展示——金属时钟的零件图识读讲解</td></tr>
</table>

【典型工作环节 2　确定工艺路线】

1. 搜集资讯

（1）如何确定工艺路线？

（2）加工金属时钟应当遵循的原则是什么？

主要从功能性、使用性等方面阐述。

2. 制订计划

想一想，要把整个金属时钟做出来肯定需要先把所有的零部件做出来以后再进行装配才能得到最终的金属时钟，那么每一个零部件由于结构不同，则需要不同的加工工艺才能加工出来，这也就要求每一个零部件都需要确定各自不同的工艺路线，这就需要有计划地制订整个加工过程以及所有的加工步骤，最终完成工作任务。

根据零件结构、尺寸分析，制订金属时钟的加工工艺方案，主要步骤有：确定生产类型→拟订工艺路线→设计加工工序→编制技术文档（主要为机械加工工艺过程卡和机械加工工序卡）。

3. 做出决策

确定好加工顺序，根据不同零部件的情况来确定加工工艺路线，做出相应决策，填写表3-5。

表 3-5

确定生产类型		
拟订工艺路线	确定工件定位基准	
	选择加工方法	
	拟订工艺	
设计加工工序	选择加工设备	
	选择工艺装备（刀具、量具、夹具及其他）	
	确定工步内容	
	装备（刀具、量具、夹具及其他）	
	确定工步内容	
	确定切削用量（背吃刀量、主轴转速、进给量）	

4. 付诸实施

根据决策，编制技术文档（机械加工工艺过程卡、机械加工工序卡和在加工过程中需要用到的刀具清单卡），填写表3-6~表3-8。完成后每个小组进行讨论，根据讨论情况确定最优的工艺路线，由任课教师进行检测和最终点评。

表 3-6

班			机械加工工艺过程卡		产品型号		零件图号							共 页	第 页
					产品名称		零件名称								
材料牌号		毛坯种类		毛坯外形尺寸			每毛坯可制件数		每台件数		备注				
工序号	工序名称	工序内容			车间	工段	设备		工艺装备					工时	
									夹具	刀具	量具			准终	单件
							设计（日期）	校对（日期）	审核（日期）		标准化（日期）			会签（日期）	
标记	处数	更改文件号	签字	日期	标记	处数	更改文件号		签字	日期				

表 3-7

机械加工工序卡	产品型号		零件图号		
	产品名称		零件名称		共 页 第 页

班		车间	工序号	工序名称	材料牌号
		机加工	毛坯种类	毛坯外形尺寸	每毛坯可制件数	每台件数
		设备名称	设备型号	设备编号	同时加工件数
		夹具编号	夹具名称		切削液
		工位器具编号	工位器具名称		工序工时/min 准终 单件

工步号	工 步 内 容	工 艺 装 备	主轴转速/ (r/min)	切削速度/ (m/min)	进给量/ (mm/r)	背吃刀量/ mm	进给次数	工步工时/min 基本 辅助

				设计（日期）	校对（日期）	审核（日期）	标准化（日期）	会签（日期）
标记	处数	更改文件号	签字	日期	标记	处数	更改文件号	签字	日期

表　3-8

刀具清单卡

序号	刀具	规格	数量	备注说明
1				
2				
3				
4				
5				
6				
7				
8				
9				
10				
11				
12				
13				
14				
15				
16				
17				
18				
19				
20				
21				
22				
23				
24				
25				
26				
27				
28				
29				
30				

5. 进行检查

根据计划和决策要求，确定检查内容、检查工具和方法，填写表3-9。

表　3-9

检 查 记 录					
任务：确定金属时钟的加工工艺过程			名字：		
步骤	名　　称	检查方法/工具	标准	实际	得分
1					
2					
3					
4					
5					
6					
7					
8					
9					
10					
每个步骤5分			总分：		

6. 评价绩效（表3-10）

表　3-10

完成情况（填写完成/未完成）	
根据决策要求评价自己的工作。	
下次工作怎样可以做得更好？	
从任务中学到了什么？	
工作环节成果展示——金属时钟制作的加工工艺讲解	

【典型工作环节 3　加工前准备】

1. 搜集资讯

（1）了解加工场地及设备。

（2）确认加工时使用的金属材料，选择合适的刀具材料及工具和量具。

（3）钳工工具有哪些？

（4）钳工设备有哪些？

2. 制订计划

在加工之前，需要制订工作计划。为什么要制订计划？计划中应该包括什么内容？

3. 做出决策

根据计划内容，制订工具-设备清单、物料清单，根据清单内容，进行加工前准备，确保加工前准备内容齐备。

4. 付诸实施

根据决策，填写表 3-11 和表 3-12。

表　3-11

序号	内　　容	状态	现有数量	损坏数量	缺少数量
	工具-设备清单				
1	游标卡尺（150mm）				
2	钢直尺（300mm）				
3	锯条				
4	刀口形角尺（50mm×70mm）				
5	样冲				
6	划线盘				
7	手弓锯				
8	錾子				
9	锤子				
10	护目镜				
11	台虎钳				
12	游标万能角度尺				
13	扁锉（250mm，锉纹号1）				
14	扁锉（250mm，锉纹号3）				
15	游标高度卡尺				
16	划线平板				
17	三角锉（250mm，锉纹号1）				
18	三角锉（200mm，锉纹号3）				
19	四角锉（200mm，锉纹号1）				
20	钻头				
21	车刀				
22	整形锉				

表 3-12

物料清单

序号	名　　称	尺寸/种类	价格/元
1	铁板	1.5mm（180mm×180mm）	
2	铁板	5mm（100mm×180mm）	
3	圆钢材	$\phi8mm×200mm$	
4	圆钢材	$\phi10mm×200mm$	
5	锁紧螺母	M6	

为了工作的安全以及顺利进行，同时也为了保护工具，需制订明确的工具使用规定。把测量工具、辅料和工件按类摆放在工作台上，以便取用，如图 3-12 所示。使用过的工具在归置前需经过清洁，尤其是测量工具和锉刀。注意台虎钳的高度：手肘应高于台虎钳 5~8cm。

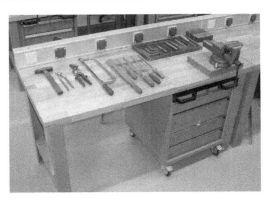

图　3-12

5. 进行检查

根据计划和决策要求，确定检查内容、检查工具和方法，填写表 3-13。

表　3-13

检　查　记　录

任务：加工前准备			名字：		
步骤	名　　称	检查方法/工具	标准	实际	得分
1					
2					
3					
4					
5					
6					
7					
8					
9					
10					
每个步骤 5 分				总分：	

6. 评价绩效（表3-14）

表　3-14

完成情况（填写完成/未完成）	
根据决策要求评价自己的工作：	
下次此环节怎样可以做得更好？	
从这个环节中学到了什么？	
工作环节成果展示——金属时钟加工前准备工作内容的讲解	

【典型工作环节 4　进行加工】

1. 搜集资讯

（1）了解台虎钳的基本操作内容。

（2）了解台虎钳的清洁和保养内容。

（3）了解划线的方法。

（4）了解锯削的方法。

（5）了解锉削的方法。

（6）了解使用钻床钻孔的方法。

（7）了解手动攻螺纹的方法。

（8）了解折弯的方法。

（9）了解简单车削外圆柱面、端面及槽的方法。

（10）了解使用车床简单钻孔的方法。

（11）了解倒角和去除毛刺的方法。

2. 制订计划

（1）确定各工作步骤所需的加工时间。

（2）在加工过程中一边加工，一边测量尺寸，以保证工件的成品率。

（3）根据加工的金属材料特性及刀具材料选择合适的切削用量三要素。

根据实际加工中遇到的情况，制订一个加工计划，主要内容为根据安全教育内容，制作过程性记录文件；按照机械加工工序卡和机械加工工艺过程卡进行工作任务安排和时间统筹；根据加工前准备内容制作各零件实践条件清单和相关知识点说明。

3. 做出决策

最终决策是根据加工计划内容，制订安全教育内容，对学生进行分组，制订实训记录手册，记录每组学生的加工进度。

4. 付诸实施

（1）安全教育。

课程主要执行人有责任向学生讲授工作安全保护和健康保护方面的知识，以确保他们在生产时有足够的自我保护意识。学生在学习新技术前，工作领域变动或引入新工序、新材料时都应接受安全指导，了解潜在的危险。要定期通过书面形式确认学生已重温安全知识，至少每年一次。

相应的基础知识包括：

1）劳动保护法

2）安全防护条例。

3）危险材料、生物材料的使用规定等。

安全教育主题包括：

1）工作职责。

2）消防设备的位置。

3）逃生通道的标志和走向。

4）个人防护措施。

5）生产工具和机器的使用。

6）电气设备的使用。

在完成安全教育后填写表3-15。

表　3-15

安全教育记录	
负责人	
执行人	
主题	1. 室内安全
	2. 环境安全
	3. 钳工台安全
	4. 钻床安全
	5. 车床安全
日期/签字	
本人已参加安全教育培训，已知悉上述主题的内容，本人会留意并遵守相关规章。	

请列举执行任务中重要的工作安全和环境保护措施，填写表 3-16。

表　3-16

序号	工作安全措施
1	
2	
3	
4	
5	
6	
7	
8	
9	
10	
	环境保护措施
1	
2	
3	
4	
5	
6	
7	
8	
9	
10	

（2）实训记录手册。

工艺制订·绘图

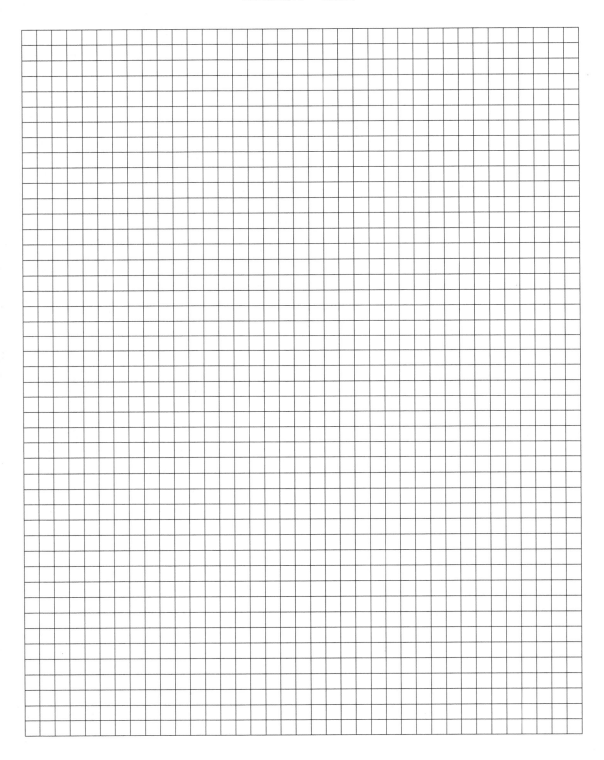

姓名：_____　学号：_____　　　　　日期：____年____月____日至_____年_____月_____日

时间	工 作 内 容	时长/h
星期一		
星期二		
星期三		
星期四		
星期五		
累计学时		

导师：_____

注：学生必须在每天工作结束前填写完毕。

（3）实践条件和知识点说明。根据决策，填写每个零件制作的实践条件表格。

零件 1：底板的制作（表 3-17）

表 3-17

类别	实 践 条 件
	名　称
毛坯	
设备	
量具	
工具	
其他	

知识点 1：划线

根据图样或实物的尺寸，在工件上用划线工具划出待加工部位的轮廓或定位基准的点、线的工作，称为划线。划线分平面划线与立体划线，如图 3-13 所示。只需在工件的一个表面上划线，称为平面划线。同时在工件的几个表面上划线，如长、宽、高方向或其他倾斜方向，称为立体划线。

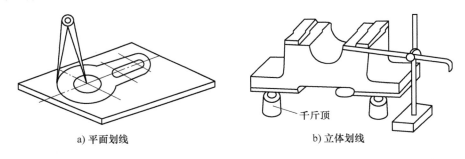

a) 平面划线　　　　　　　b) 立体划线

图　3-13

思考与练习

1）划线的目的是什么？

_____

_____

2）有哪些划线工具？简单阐述其使用方法。

_____

_____

3）如何选择划线基准？

_____

_____

4）轻金属划线应该用什么工具？

_____

_____

5）样冲尖端应该磨成什么角度？

_____

_____

知识点 2：锯削

用手锯对工件或材料进行切断或切槽的加工方法称为锯削，如图 3-14 所示。

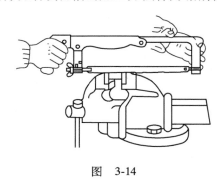

图　3-14

思考与练习

1）怎么理解锯条的锯齿？

_____

_____

_____

2）粗齿、中齿和细齿锯条每 25mm 长度上分别有多少锯齿？

_____

_____

_____

3）怎样正确安装、夹紧锯条？

_____

_____

_____

4）锯削铁板时需要注意什么？

_____

_____

_____

5）锯条的安装有哪些注意事项？

_____

_____

_____

6）请详细阐述起锯的方法。

_____

_____

_____

7）锯条的三种损坏形式分别是锯条磨损、锯条崩齿以及锯条折断，请分别分析每种形式的损坏原因并阐述预防方法。

_____

_____

_____

知识点 3：锉削

用锉刀对工件表面进行切削加工，使工件达到所要求的尺寸、形状和表面粗糙度，这种工作称为锉削，如图 3-15 所示。锉削的加工精度可达 0.01mm，表面粗糙度 Ra 值可达 0.8μm。它的加工范围很广，可加工工件的表面、内孔、沟槽和各种复杂的外表面。在现代工业生产条件下，一些不便于机械加工的场合仍需要锉削，例如，在组装过程中对个别零件的修整、修理工作及小批量生产条件下一些复杂零件的加工等。锉削是手工操作，是钳工的一项重要的基本操作，也是考核钳工实际技能水平的主要项目。因此，钳工必须掌握好这项重要的基本功，并力求技巧熟练。

思考与练习

1）锉刀由哪些部分构成？

_____

_____

_____

2）锉刀有哪些断面形状？

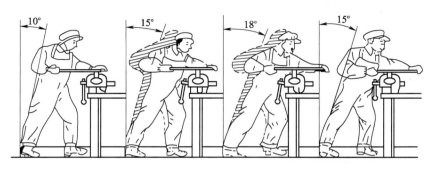

图　3-15

_____

_____

3）锉柄如何固定在锉刀上？

_____

_____

4）什么是油光锉？

_____

_____

5）如何区分粗、中、细、油光锉？

_____

_____

6）请简述锉削加工时的规范动作及步骤。

_____

_____

_____

7）请简述平面锉削的三种方法及其分别适合的加工场合。

_____

_____

知识点 4：钻孔

钻孔是用钻头在实体材料上加工出孔的一种切削加工方法。钻削时，由于钻头的刚度和精度都较差，故只能加工要求不高的孔或进行孔的粗加工。钻孔时，钻头的旋转运动为主运动，钻头的轴向直线运动为进给运动，如图 3-16a 所示。钻头是钻孔的刀具，通常由高速钢制成，其中麻花钻（图 3-16b）应用最为普遍。

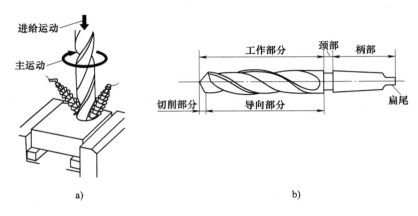

图　3-16

思考与练习

1）图 3-16b 所示的麻花钻结构中，每一部分的作用是什么？

_____

_____

2）阐述钻孔的工作原理。

_____

_____

3）钻孔时是否需要使用切削液？切削液的作用是什么？不同材质的零件分别需要哪种切削液？

_____

_____

4）钻孔时的切削用量三要素是如何选择和计算的？

_____

5）阐述钻孔的一般步骤和操作说明。

_____

_____

_____

6）谈一谈你所了解的钻床的种类和基本结构。你所选用的钻床是哪一种类型？

_____

_____

_____

零件 2：顶板的制作（表 3-18）

表 3-18

实 践 条 件	
类别	名 称
毛坯	
设备	
量具	
工具	
其他	

知识点 1：常用量具

在生产过程中，用来测量各种工件的尺寸、角度和形状的工具称为量具。以下介绍钳工常用的一些量具。每个钳工都应该熟悉和掌握其使用与维护方法。

1）钢直尺。钢直尺是最常用的量具，其刚性好、自重小，长度规格有 100mm、300mm、500mm、1000mm、1500mm、2000mm。钢直尺除测量尺寸外，还可用于划线。钢直尺用于测量长度尺寸最常用的规格为 300mm，1000mm 以上的钢直尺在划线时使用较多。

2）钢卷尺。钢卷尺也是钳工常用量具，其体积小、自重小，测量范围广，规格有 1m、2m、3m、5m、10m、15m、20m、30m、50m、100m。其主要用途为测量长度尺寸。钢卷尺常用的规格为 2m 与 5m。

3）游标卡尺。游标卡尺是一种比较精密的量具，它可以直接测量出工件的长度、宽度、深度以及圆形工件的内、外径尺寸等。其分度值有 0.1mm、0.05mm、0.02mm 三种，常见的测量范围有 0~125mm、0~150mm、0~200mm、0~300mm 等。

普通游标卡尺主要由尺身和游标组成，尺身上刻有一定间距的刻线，并标有尺寸数字，其刻度全长即为游标卡尺的规格。

游标上的标尺间距，随分度值而定。这里以分度值为 0.02mm 的游标卡尺的刻线原理和读数方法为例进行介绍。

尺身一格为 1mm，游标一格为 0.98mm，共 50 格。尺身和游标每格之差为 1mm − 0.98mm = 0.02mm。读数方法是将游标零位指示的尺身整数刻度值，加上游标刻线与尺身刻线重合处的游标刻度值乘以分度值便得到所测量的尺寸，如图 3-17 所示。

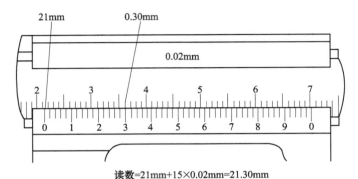

读数=21mm+15×0.02mm=21.30mm

图 3-17

用游标卡尺测量工件的方法如图 3-18 所示，测量时应注意下列事项：

① 检查零线。使用前应首先检查量具是否在测量范围内，然后擦净卡尺，使测量爪闭合，检查尺身与游标的零线是否对齐。若未对齐，则在测量后应根据原始误差修正读数值。

② 放正卡尺。测量外圆直径时，尺身应垂直于轴线；测量内孔直径时，应使两测量爪处于直径处。

③ 用力适当。测量时应使测量爪逐渐与工件被测量表面靠近，最后达到轻微接触，不能将测量爪用力抵紧工件，以免测量爪变形和磨损，影响测量精度。读数时为防止游标移动，可锁紧游标；视线应垂直于尺身。

④ 勿测量毛坯面。游标卡尺仅用于测量已加工表面，表面粗糙的毛坯件不能用游标卡尺测量。

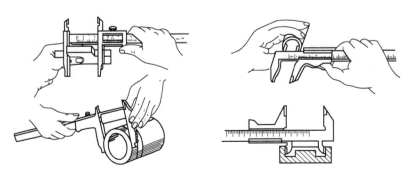

图 3-18

4）游标高度卡尺。如图 3-19 所示，游标高度卡尺常用来测量放在平台上的工件高度或用来划线。游标高度卡尺主要由尺身、游标、底座、划线爪、测量爪、固定螺钉等组成，它们都安装在底座上（底座下面为工作面）。测量爪有两个测量面，下面为平面，用来测量高度，上测量面为弧形，用来测量曲面度。当用游标高度卡尺划线时，必须将专用的划线爪换上。其读数方法与游标卡尺相同，测量范围有 0～300mm、0～500mm、0～1000mm 等多种，分度值有 0.02mm、0.05mm、0.10mm 三种。

5）外径千分尺（千分尺）。外径千分尺（千分尺）是生产中常用的量具，主要用来测量工件的长度、厚度及外径尺寸，测量时能准确地读出尺寸数值，精度可达 0.01mm，在使用熟练之后，能测出 0.001～0.01mm 的精度值。其构造如图 3-20 所示，由尺架、测砧、固定套筒（带有刻度的尺身）、活动测轴、活动套筒（带有刻度的游标）和止动销等组成。活动套筒与活动测轴是紧固一体的，它的调节范围在 25mm 以内，所以外径千分尺（包括内径千分尺、深度千分尺）从零尺寸开始，每增加 25mm 为一种规格。其测量范围为 0～2000mm。

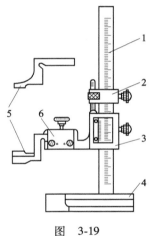

图　3-19

1—尺身　2—固定螺钉　3—游标
4—底座　5—划线爪　6—测量爪

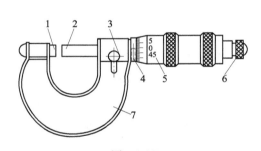

图　3-20

1—测砧　2—测微螺杆　3—锁紧装置　4—固定套筒
5—活动套筒　6—棘轮旋柄　7—尺架

知识点 2：专用量具

1）直角尺。钳工常用的直角尺有宽座角尺和刀口形角尺两种，直角尺的精度等级分为 00 级、0 级、1 级和 2 级四种。直角尺主要用来检验直角与划垂直线，在机械装配中，用以检验零部件的垂直度误差。

2）游标万能角度尺。游标万能角度尺可以测量零件的内、外角度，测量范围为 0°～320°，分度值有 2′和 5′两种。其构造如图 3-21 所示，基准板、扇形尺身、游标固定在扇形板上，直角尺紧固在扇形板上，直尺紧固在直角尺上，直尺和直角尺可以滑动，并能自由搭配和改变测量范围，调整后，其测量范围可为 0°～50°、50°～140°、140°～230°、230°～320°。其读数方法为扇形

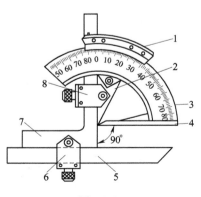

图　3-21

1—游标　2—扇形尺身　3—扇形板
4—基准板　5—直尺
6、8—卡块　7—直角尺

尺上的刻度值为整数角度，游标上的刻度值为小于1°的角度，两者之和即为所测量角度。

3）塞尺。塞尺是一种用来测量两个表面间间隙大小的薄片量具，在机械装配与检修工作中，常用来测量零部件的组装间隙及其他位置误差。塞尺的测量范围（厚度范围）为0.02～1mm，塞尺的外形如图3-22所示。塞尺边缘1mm范围内，厚度误差可以超越极限偏差，但只允许厚度小于下极限尺寸。从塞尺自由端起，前部超差时，允许剪去超差部分后继续使用。

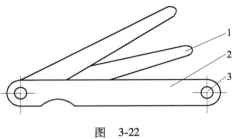

图 3-22

1—尺片 2—护夹板 3—固定销轴

知识点3：量具的维护与保养

量具是技术工人工作中不可缺少的。对量具尤其是精密量具的使用和保管不当，会使量具的工作精度降低，直接影响量具的使用寿命和产品的质量，造成浪费。因此，在使用和保管量具时，必须做到以下几点：

1）在使用前和使用后，必须用清洁物品将量具擦净。

2）使用时应避免碰撞、划伤现象，以免使量具精度降低或造成损坏。

3）粗糙毛坯和生锈工件不可用精密量具进行测量。如必须测量，可将被测部位清理干净，去除锈蚀后再测量。

4）测量时，不可用力过大、过猛，尤其在机床开动时，不准许用量具测量工件，避免量具遭到损坏和发生其他意外。

5）不可用精密量具测量温度过高的工件。

6）普通量具用完后，应擦干净并有条理地放在柜中、工具箱内或木架的固定位置，精密量具用完后，应擦净、涂油，放在专用盒内。

7）精密量具在使用一定时间后，应送计量部门检测，认证合格并发放合格证后，才可重新使用。

8）所有量具严防受潮、生锈，均应放在通风干燥的地方。

零件3：立柱的制作（表3-19）

表 3-19

实 践 条 件		
类别	名 称	
毛坯		
设备		
量具		
工具		
其他		

知识点1：车削概述

车削是指在车床上，利用工件的旋转运动和刀具的直线或曲线移动来改变毛坯的形状和尺寸，将其加工成所需零件的一种加工方法。其中工件的旋转运动为主运动，车刀相对于工件的移动为进给运动。用车刀切削工件时，使工件上形成加工表面、已加工表面、待加工表面，如图3-23所示。

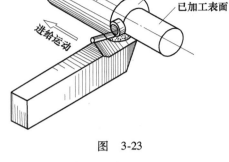

图　3-23

知识点 2：车削端面的步骤

1）起动机床，使主轴带动工件回转。

2）移动床鞍或小滑板，控制切削深度。

3）锁紧床鞍以避免车削时振动和轴向窜动。

4）摇动中滑板手柄做横向进给，粗车端面。车削可由工件外缘向中心进行，也可由中心向外缘进行。若使用90°右偏刀车削，应采取由中心向外缘车削的方式。

5）精车端面。

知识点 3：钻孔

在车床上钻孔如图3-24所示。钻孔方法如下：

1）钻孔前，先将工件端面车平，中心处不允许留有凸台，以利于钻头正确定心。

2）找正尾座，使钻头中心对准工件回转中心，否则可能会将孔钻大、钻偏甚至折断钻头。

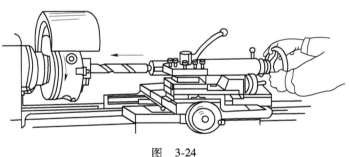

图　3-24

3）用细长麻花钻钻孔时，为防止钻头晃动，可在刀架上夹一个挡铁，支顶钻头头部，帮助钻头定心。具体办法是先用钻头尖端少量钻入工件平面，然后缓慢摇动中滑板，移动挡铁逐渐接近钻头前端，使钻头中心稳定地落在工件回转中心的位置上后，继续钻削即可，当钻头已正确定心时，挡铁即可退出。

4）用小直径麻花钻钻孔时，钻前先在工件端面上钻出中心孔，再进行钻孔，这样便于定心，且钻出的孔同轴度好。

5）在实体材料上钻孔，孔径不大时可以用钻头一次钻出，若孔径较大（超过30mm），应分两次钻出，即先用小直径钻头钻出底孔，再用大直径钻头钻出所要求的尺寸。通常第一次所用钻头的直径为所要求孔径的0.5～0.7。

6）钻孔后需铰孔的工件，由于所留铰削余量较少，因此钻孔时当钻头钻进工件1～2mm后，应将钻头退出，停车检查孔径，防止因孔径过大没有铰削余量而导致工件报废。

7）钻不通孔与钻通孔的方法基本相同，只是钻孔时需要控制孔的深度。常用的控制方法是钻削开始时，摇动尾座手轮，当麻花钻切削部分（钻尖）切入工件端面时，用钢直尺测量尾座套筒的伸出长度，钻孔时用这个长度加上孔深来确定尾座套筒的伸出量。

思考与练习

1）简述车床的主要组成部分，可参考图 3-25。

_____

_____

_____

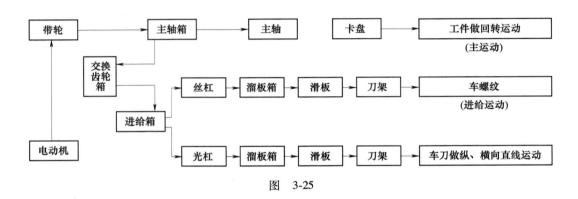

图　3-25

2）车刀的基本安装原则是什么？

_____

_____

_____

3）如何装夹和找正工件？

_____

_____

_____

4）加工立柱是否需要一夹一顶进行加工？什么是一夹一顶加工？

_____

_____

_____

5）切削用量三要素是什么？

_____

_____

6）如何区分粗车和精车？

_____

_____

_____

7）了解外圆车刀的组成以及车削部分的几何角度。

_____

_____

_____

8）简述车刀切削部分的常用材料及其特性。

_____

_____

_____

9）结合自己的实训情况分析一下外圆尺寸的控制方法。

_____

_____

_____

10）如何用 90°外圆车刀进行 45°倒角？

_____

_____

_____

零件 4：底垫的制作（表 3-20）

表　3-20

实　践　条　件	
类别	名　　称
毛坯	
设备	
量具	
工具	
其他	

知识点 1：车台阶

车削台阶时，不仅要车削组成台阶的外圆面，还要车削环形的端面，是外圆车削和平面车削的组合。因此，车削台阶时既要保证尺寸精度，又要满足台阶平面与工件轴线的垂直度要求。

车台阶时，通常选用 90°外圆车刀。车刀的装夹应根据粗车、精车和余量的大小来调整。粗车时余量大，为了增大背吃刀量和减少刀尖的压力，装夹车刀时实际主偏角以小于90°为宜（一般为 85°~90°），如图 3-26 所示。精车时，为了保证台阶平面与工件轴线垂直，装夹车刀时实际主偏角应大于 90°（一般为 93°左右），如图 3-27 所示。

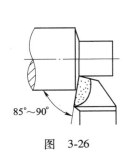

图 3-26

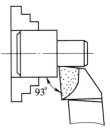

图 3-27

车削台阶工件，一般分粗车和精车。粗车时，除第一级台阶的长度因留精车余量而略短外，采用链接式标注的其余各级台阶的长度可以车至规定尺寸。精车时，通常在机动进给精车外圆至接近台阶处时，改以手动进给替代机动进给。当车至台阶面时，变纵向进给为横向进给，移动中滑板由里向外慢慢精车台阶平面，以确保其对轴线的垂直度要求。

台阶长度尺寸的控制方法：

1）刻线法。先用钢直尺或样板量出台阶的长度尺寸，然后用车刀刀尖在台阶面的所在位置处刻出一圈细线，按刻线痕车削。

2）挡铁控制法。用挡铁定位控制台阶长度，主要用在成批车削台阶轴时。

3）手轮刻度盘控制法。CA6140 型车床溜板箱（床鞍）的纵向进给手轮刻度盘 1 格，相当于 1mm，利用手轮转过的格数可控制台阶的长度。

知识点 2：车槽

用车削方法加工工件的槽称为车槽。一般车槽分为车窄沟槽和车宽沟槽两种。窄沟槽就是槽宽等于刀具切削刃宽度的槽，其加工方式比较直接：快速移动刀具至起始位置并进给至槽深，刀具在凹槽底部做短暂的停留，然后快速退刀至起始位置。宽沟槽是指槽宽比刀具切削刃的宽度值要大，此时无法一次车削完成，需要分多次车削，如图 3-28 所示。

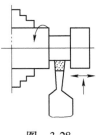

图 3-28

思考与练习

1）结合自己的实训情况分析一下台阶轴长度尺寸的控制方法。

2）分析一下端面存在凸台对长度尺寸产生的影响有哪些。

3）谈一谈切槽刀、切断刀各角度的作用。

4）简述切断刀、切槽刀的种类及其特点。

5）切断刀、切槽刀刀头宽度和长度如何计算？

6）结合实际谈一谈切槽刀、切断刀刃磨的操作要领。

7）简述切断刀各角度的范围。

8）谈一谈车槽的五大特点。

_____

_____

9）谈一谈切断刀副偏角不对称对车槽产生的影响有哪些。

_____

_____

_____

10）结合自己的实训情况分析如何保证车槽时轴向尺寸和径向尺寸的精度。

_____

_____

_____

零件5：顶帽的制作（表3-21）

表 3-21

实 践 条 件	
类别	名　　　称
毛坯	
设备	
量具	
工具	
其他	

知识点1：倒角

当平面、外圆面车削完毕后，移动床鞍至工件的外圆面和平面的相交处，用45°外圆车刀的主、副切削刃可进行左、右倒角，如图3-29所示。

知识点2：套螺纹

用板牙在圆杆或圆管外表面切削加工出外螺纹的方法称为套螺纹，俗称套丝。加工步骤如下：

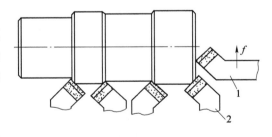

图 3-29

1—反45°外圆车刀　2—正45°外圆车刀

1）套螺纹前工件外圆端面应倒角。为了使板牙容易对准、切入工件将端部倒成15°～20°的斜角，要求如图3-30a所示。

2）工件的装夹。套螺纹时，由于工件为圆柱形，切削转矩很大，因此钳口处要用V形垫铁或厚软金属板衬垫后再将工件夹紧。工件伸出钳口要尽量短。

3）开始套螺纹时，为了使板牙切入工件，要在转动板牙时施加轴向压力，且转动要慢，压力要大。待板牙旋进工件切出螺纹后不能再加压力，只旋转即可。

4）板牙套螺纹 1~2 牙后，应检查板牙端面与工件是否垂直，如果歪斜应及时纠正。

5）为了断屑，板牙也要时常倒转，如图 3-30b 所示。为了减少切削阻力，提高螺纹表面质量，注意加切削液。

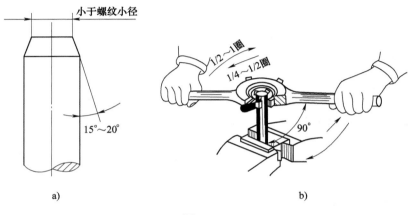

图　3-30

思考与练习

1）如果在车床上使用 90°外圆车刀进行倒角，应该怎样进行加工？

_____

_____

2）套螺纹前的圆杆直径应该怎样确定（请查阅表格）？

_____

_____

3）谈一谈在日常生活中有哪些地方需要套螺纹。

_____

_____

4）谈一谈在套螺纹时经常出现的问题以及出现问题的原因。

_____

_____

_____

零件 6：提手的制作（表 3-22）

表 3-22

实 践 条 件	
类别	名 称
毛坯	
设备	
量具	
工具	
其他	

零件 7：提手支撑柱的制作（表 3-23）

表 3-23

实 践 条 件	
类别	名 称
毛坯	
设备	
量具	
工具	
其他	

知识点：攻螺纹

用丝锥在孔中切削加工内螺纹的方法称为攻螺纹。攻螺纹步骤如下：

1）工件上螺纹底孔的孔口要倒角，通孔螺纹两面都要倒角，这样可使丝锥开始切削时容易切入，并可防止孔口的螺纹牙崩裂。

2）工件的装夹位置要正确，尽量使螺纹孔中心线置于垂直或水平位置，使攻螺纹时容易判断丝锥轴线是否垂直于工件表面。

3）用头锥起攻，右手握住扳手中部并下压，同时左手缓慢转动扳手，如图 3-31a 所示。当头锥攻入 1~2 圈后，应目测或用小角度尺检查丝锥与工件的垂直度，如图 3-31b 所示，如果歪斜，应及时纠正。起攻是攻螺纹的关键。

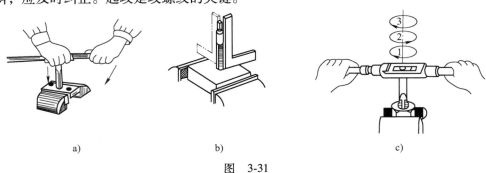

a)　　　　　　　　　b)　　　　　　　　　c)

图 3-31

4）起攻后两手不再施加压力，用平衡且大小适当的力扳动铰杠，每转动 1/2～1 圈后，应倒转 1/2～1 圈，使切屑碎断容易排出，如图 3-32c 所示。当头锥攻完后，按顺序用二锥、三锥攻制螺纹。

思考与练习

1）攻螺纹时使用的丝锥构造是什么样的？谈一谈各部分的作用。

_____

_____

_____

2）攻螺纹前底孔直径如何计算？

_____

_____

_____

3）简述攻螺纹时产生废品的原因及避免方法。

_____

_____

_____

4）谈一谈在攻螺纹时丝锥折断的原因以及预防方法。

_____

_____

_____

5）在攻螺纹时，丝锥断裂在硬度较大的金属材料内，谈一谈如何将断裂的丝锥取出来。

_____

_____

_____

6）谈一谈内螺纹加工与外螺纹加工有什么区别。

_____

_____

_____

零件 8：时钟面板的制作（表 3-24）

表　3-24

实　践　条　件	
类别	名　　称
毛坯	
设备	
量具	
工具	
其他	

知识点：折弯

由于材料本身性质的差异和弯曲成形工艺及操作方法不同，理论上计算的坯料长度和实际需要的坯料长度之间会有误差。因此成批生产弯形工件时，一定要采用试弯形的方法，确定坯料长度，以免造成成批废品。

弯曲成形方法有冷弯和热弯两种。在常温下进行的弯曲成形叫冷弯。当弯曲成形厚度大于 5mm 及直径较大的棒料和管料工件时，常需要将工件加热后再进行弯曲成形，这种弯曲成形方法称为热弯。在板料厚度方向上弯曲成形小工件可在台虎钳上进行。先在弯曲成形的位置划好线，然后用木锤锤击，如图 3-32a 所示。可用木块垫住工件再用锤子敲击，如图 3-32b 所示。

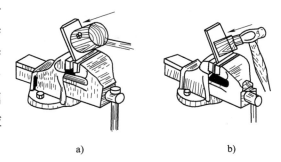

a)　　　　　　　b)

图　3-32

思考与练习

在进行弯曲成形前毛坯展开长度如何计算？

_____

_____

零件 9：侧板的制作（表 3-25）

表　3-25

实　践　条　件	
类别	名　　称
毛坯	
设备	
量具	
工具	
其他	

（4）学生工作任务安排（表3-26）。

表　3-26

	工作任务安排	
第一天	老师和学生相互认识 课程内容介绍 参观车间 工作岗位认知 安全教育 生产过程计划	8：30～11：30 14：30～17：00
第二天	制作底板 使用游标卡尺测量长度和形状 划线 学习使用手锯锯削工件 把工件表面锉平整 利用整形锉进行细节修整 安全教育 废料最小化 图样阅读	8：30～11：30 14：30～17：00
第三天	制作顶板 把表面锉平整 用游标卡尺测量 用游标万能角度尺测量 用测高计和划线工具进行孔中心划线和打样冲眼	8：30～11：30 14：30～17：00
第四天	制作四根立柱和四个顶帽 确定切削速度 计算钻床和车床的转速和进给量 立式钻床的操作 使用切削液的安全指导	8：30～11：30 14：30～17：00
第五天	制作四个底垫、提手支撑柱和时钟提手 利用废料车削圆柱工件 套螺纹、攻螺纹、钻孔 检查长度和位置，检查结果并存档 安全教育 清理废料	8：30～11：30 14：30～17：00

5. 进行检查

填写检查记录，见表3-27～表3-35。

表 3-27

检 查 记 录

任务：制作金属时钟		零件：底板		名字：	
步骤	名 称	检查方法/工具	标准	实际	得分
1					
2					
3					
4					
5					
6					
7					
8					
9					
10					
每个步骤 5 分				总分：	

表 3-28

检 查 记 录

任务：制作金属时钟		零件：顶板		名字：	
步骤	名 称	检查方法/工具	标准	实际	得分
1					
2					
3					
4					
5					
6					
7					
8					
9					
10					
每个步骤 5 分				总分：	

表 3-29

检 查 记 录

任务：制作金属时钟	部分：立柱		名字：		
步骤	名　称	检查方法/工具	标准	实际	得分
1					
2					
3					
4					
5					
6					
7					
8					
9					
10					
每个步骤 5 分				总分：	

表 3-30

检 查 记 录

任务：制作金属时钟	部分：底垫		名字：		
步骤	名　称	检查方法/工具	标准	实际	得分
1					
2					
3					
4					
5					
6					
7					
8					
9					
10					
每个步骤 5 分				总分：	

表　3-31

检 查 记 录

任务：制作金属时钟		部分：提手	名字：		
步骤	名　　称	检查方法/工具	标准	实际	得分
1					
2					
3					
4					
5					
6					
7					
8					
9					
10					
每个步骤 5 分				总分：	

表　3-32

检 查 记 录

任务：制作金属时钟		部分：提手支撑柱	名字：		
步骤	名　　称	检查方法/工具	标准	实际	得分
1					
2					
3					
4					
5					
6					
7					
8					
9					
10					
每个步骤 5 分				总分：	

表　3-33

检 查 记 录

任务：制作金属时钟	部分：顶帽		名字：		
步骤	名　　称	检查方法/工具	标准	实际	得分
1					
2					
3					
4					
5					
6					
7					
8					
9					
10					
每个步骤 5 分				总分：	

表　3-34

检 查 记 录

任务：制作金属时钟	部分：时钟面板		名字：		
步骤	名　　称	检查方法/工具	标准	实际	得分
1					
2					
3					
4					
5					
6					
7					
8					
9					
10					
每个步骤 5 分				总分：	

表 3-35

检 查 记 录					
任务：制作金属时钟		部分：侧板		名字：	
步骤	名 称	检查方法/工具	标准	实际	得分
1					
2					
3					
4					
5					
6					
7					
8					
9					
10					
每个步骤 5 分				总分：	

6. 评价绩效（表 3-36）

表 3-36

完成情况（填写完成/未完成）	
根据决策要求评价自己的工作：	
下次此环节怎样可以做得更好？	
从这个环节中学到了什么？	
工作环节成果展示——加工零件的展示	

【典型工作环节 5   装配】

1. 搜集资讯

（1）固定联接的装配方法有哪些？
（2）装配过程中的修配方法有哪些？
（3）金属时钟的装配步骤是什么？

2. 制订计划

根据收集的资讯内容，制订金属时钟的装配计划，确定金属时钟的装配步骤。

3. 做出决策

根据金属时钟装配计划，做出的决策为编制金属时钟装配图。

4. 付诸实施

根据决策要求对金属时钟进行装配。各零部件如图 3-33 所示。

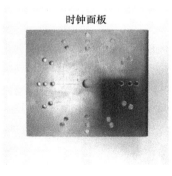
时钟面板

侧板

顶板

立柱

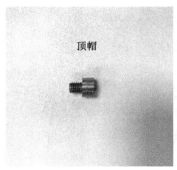
顶帽

提手

图   3-33

提手支撑柱

底板

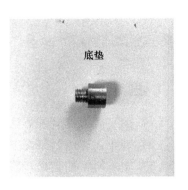
底垫

图　3-33（续）

金属时钟的装配步骤如下：

第一步：将底垫与底板通过螺纹联接进行配合安装，如图3-34所示。

图　3-34

第二步：将时钟面板、侧板通过螺栓联接与底板装配，如图3-35所示。

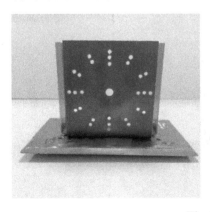

图　3-35

第三步：将四根立柱按照孔位位置关系安装到底板上，如图3-36所示。

第四步：将顶板与四根立柱通过顶帽进行联接，如图 3-37 所示。

第五步：将提手与提手支撑柱进行联接，如图 3-38 所示。

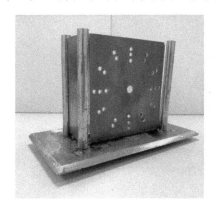

图　3-36

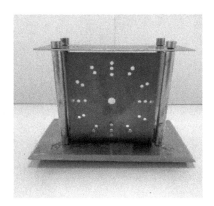

图　3-37

图　3-38

第六步：将提手与提手支撑柱与时钟顶板上的孔进行螺纹联接，如图 3-39 所示。

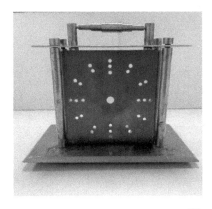
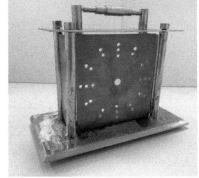

图　3-39

第七步：安装时钟的指针部分，如图 3-40 所示。

图　3-40

5. 进行检查

根据计划和决策要求，确定检查内容、检查工具和方法，填写表 3-37。

表　3-37

检 查 记 录					
任务：金属时钟的装配			名字：		
步骤	名　　称	检查方法/工具	标准	实际	得分
1					
2					
3					
4					
5					
6					
7					
8					
9					
10					
每个步骤 5 分				总分：	

6. 评价绩效（表 3-38）

表　3-38

完成情况（填写完成/未完成）	
根据决策要求评价自己的工作：	
下次工作怎样可以做得更好？	
从任务中学到了什么？	
工作环节成果展示——金属时钟的装配过程讲解	

【典型工作环节 6　展示】

1. 搜集资讯

（1）金属时钟制作的难点是什么？

（2）采用哪种展示方式能够更好地展示自己的学习成果？

（3）如何进行金属时钟加工过程成果展示？

2. 制订计划

根据搜集的资讯，制订成果展示计划，主要包括展示方式、展示内容的选择方案和表现原则。

3. 做出决策

最终决策为采用演讲的方式进行展示，通过制作装配视频来展示装配关系，通过加工过程记录性资料展示加工过程，利用 PPT 多媒体形式进行辅助展示，主要讲解内容为金属时钟的加工工艺安排和加工过程中遇到问题的处理方法。

4. 付诸实施

根据相关决策要求，制作装配视频、展示 PPT 和演讲稿，并进行实际课堂展示。

5. 进行检查

根据计划和决策要求，确定检查内容、检查工具和方法，填写表 3-39。

表 3-39

检 查 记 录					
任务：展示			名字：		
步骤	名　　称	检查方法/工具	标准	实际	得分
1	装配动画				
2	展示 PPT				
3	演讲稿				
4	装配过程性资料				
每个步骤 5 分				总分：	

6. 评价绩效（表 3-40）

表 3-40

完成情况（填写完成/未完成）	
根据决策要求评价自己的工作：	

下次此环节怎样可以做得更好？

从这个环节中学到了什么？

工作环节成果展示——金属时钟制作全过程展示

参 考 文 献

[1] 伊水涌．铣削加工技术与技能［M］．北京：北京师范大学出版社，2019．

[2] 伊水涌．车削加工技术与技能［M］．北京：北京师范大学出版社，2019．

[3] 远红娟．机械加工技术［M］．武汉：武汉大学出版社，2013．

[4] 冯忠伟，胡武军，耿建宝．钳工实训［M］．上海：同济大学出版社，2017．

[5] 伊水涌．钳工技术与技能［M］．北京：北京师范大学出版社，2018．